测绘数字制图与成图

（第2版）

CEHUI SHUZI ZHITU YU CHENGTU

主　编　邓文彬

副主编　马　琳　滕树勤　齐典伟

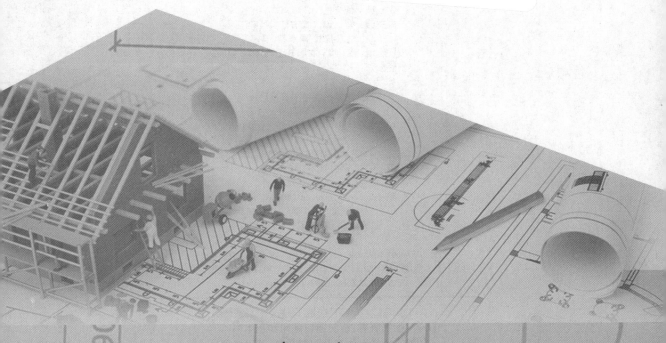

重庆大学出版社

内容提要

本书严格按照教育部批准的"十三五"国家级规划教材立项要求和全国高等学校测绘学科教学指导委员会的具体要求进行编写,是测绘工程本科专业基础课通用教材。当前,数字制图技术迅速发展,广泛应用于测绘生产中,本书内容反映了现代测绘科学技术向一体化、数字化、自动化、智能化方向发展的趋势。

全书分为3部分,共14章。第1部分阐述了地形图的概念、分类及用途、数学基础、基本组成、地形图符号等内容,着重论述了地图图式的内容、使用方法及要求。第2部分主要阐述了数字制图与成图的方法与步骤,在阐述南方CASS地形地籍成图软件的基础上,不仅对南方CASS软件用于数字制图方法作了全面介绍,同时还介绍了南方CASS软件在地形成图、地籍成图、工程测量等领域的应用。第3部分主要为地形图的识图,包括数字地形图、遥感图像、摄影测量图像等地图的识图。

本书可以作为高等学校测绘工程专业及相关专业全日制及成人教育本科生教材,也可供教学、科研、工程技术、管理人员及广大测绘工作者参考。

图书在版编目(CIP)数据

测绘数字制图与成图/邓文彬主编. --2版. --重庆:重庆大学出版社,2021.5

ISBN 978-7-5689- 0493-3

Ⅰ. ①测… Ⅱ. ①邓… Ⅲ. ①测绘—数字化制图 Ⅳ. ①P283.7

中国版本图书馆 CIP 数据核字(2021)第 077745 号

测绘数字制图与成图

(第2版)

主 编 邓文彬

副主编 马 琳 滕树勤 齐典伟

策划编辑:鲁 黎

责任编辑:鲁 黎 版式设计:鲁 黎

责任校对:夏 宇 责任印制:张 策

*

重庆大学出版社出版发行

出版人:饶帮华

社址:重庆市沙坪坝区大学城西路21号

邮编:401331

电话:(023) 88617190 88617185(中小学)

传真:(023) 88617186 88617166

网址:http://www.cqup.com.cn

邮箱:fxk@ cqup.com.cn(营销中心)

全国新华书店经销

重庆巍承印务有限公司印刷

*

开本:787mm×1092mm 1/16 印张:19.25 字数:444 千

2017 年 8 月第 1 版 2021 年 5 月第 2 版 2021 年 5 月第 2 次印刷

ISBN 978-7-5689-0493-3 定价:49.00 元

第2版前言

当前,数字测图技术迅速发展,广泛应用于测绘生产中,地形测量已从白纸测图转变为数字测图。本书作为第 2 版,参照《国家基本比例尺地图图式》(GB/T 20257.1—2017),在初版的基础上,作了一些调整,着重反映了现代测绘科学技术向数字化、自动化、智能化方向发展的趋势,以适应当前测绘工程专业教学改革的需要。

全书以数字制图与成图为主线,在阐述地形图的基本内容、数字制图的理论和方法的基础上,对地形图、地形图图式、南方 CASS 成图软件作了详细介绍;同时,还介绍了南方 CASS 在地形成图、地籍成图、工程测量等领域的应用。最后,还加入了地图识图部分,以加强学生应用地图的能力。

本书由新疆大学邓文彬担任主编,马琳、滕树勤、齐典伟担任副主编。在编写过程中,参考了大量相关资料,在此对书中引用的有关文献资料的原作者表示诚挚的谢意!

由于作者水平有限,书中难免有不妥和不足之处,恳请读者批评指正。

编　者

2020 年 12 月

第1版前言

　　《测绘数字制图与成图》是根据全国高等学校测绘类专业教学指导委员会关于测绘工程专业系列基础教材计划,为测绘工程专业本科生编写的教材。它是测绘工程专业的专业基础课,也是专业核心课程之一。本书按照我国测绘工作的实际情况,将《国家基本比例尺地图图式》(GB/T 20257.1—2011)的内容提炼精华,结合地图学、地貌学、数字制图、实用测绘制图软件等相关内容编写。其教学内容着重于基本概念、基本理论、基本知识和基本技能的讲解。

　　在国民经济建设和国防建设中,在各项工程建设的规划、设计阶段,都需要了解工程建设地区的地形和环境条件等资料,以便使规划、设计符合实际情况。在一般情况下,都是以地形图的形式提供这些资料的。在进行工程规划、设计时,要利用地形图进行工程建(构)筑物的平面、高程布设和量算工作。因此,地形图是制订规划、进行工程建设的重要依据和基础资料。

　　传统地形图通常是绘制在纸上的,它具有直观性强、使用方便等优点,但也存在易损、不便保存、难以更新等缺点。数字地形图是以数字形式存储在计算机存储介质上的地形图。与传统的纸质地形图相比,数字地形图具有明显的优越性和广阔的发展前景。随着计算机技术和数字化测绘技术的迅速发展,数字地形图已广泛地应用于国民经济建设、国防建设和科学研究的各个方面,如工程建设的设计、交通工具的导航、环境监测和土地利用调查等。

　　过去,人们在纸质地形图进行的各种量测工作,现在利用数字地形图同样能完成,而且精度高、速度快。在 Auto CAD 软件环境下,利用数字地形图可以很容易地获取各种地形信息,如量测各个点的坐标,量测点与点之间的距离,量测直线的方位角、点的高程、两点间的坡度和在图上设计坡度线等。

　　利用数字地形图,可以建立数字地面模型(DTM)。利用 DTM 可以绘制不同比例尺的等高线地形图、地形立体透视图、地形断面图,确定汇水范围和计算面积,确定场地平整的填挖边界和计算土方量。在公路和铁路设计中,可以绘制地形的三维轴视图和纵、横断面图,进行自动选线设计。

数字地面模型是地理信息系统(GIS)的基础资料,可用于土地利用现状分析、土地规划管理和灾情分析等。在军事上,可用于导航和导弹制导。在工业上,利用数字地形测量的原理建立工业品的数字表面模型,能详细地表示出表面结构复杂的工业品的形状,据此可进行计算机辅助设计和制造。

当前,数字测图技术迅速发展,广泛应用于测绘生产中,地形测量已从白纸测图转变为数字测图。本书的编写反映了现代测绘科学技术向数字化、自动化、智能化方向发展的趋势,适应了当前测绘工程专业教学改革的需要。全书以数字制图与成图为主线,在阐述地形图的基本内容、数字制图的理论和方法的基础上,对地形图、地形图图式、南方 CASS 成图软件作了详细介绍;同时,还介绍了南方 CASS 在地形成图、地籍成图、工程测量等领域的应用。最后,还加入了地图识图部分,以加强学生应用地图的能力。参加本书编写工作的有:新疆大学邓文彬、马琳、尚海滨、赵锐、贾佳、孙天天,西南交通大学张倩宁。

本书作者对书中引用的有关文献资料的原作者表示诚挚的谢意!由于作者水平有限,书中的不足之处恳请读者批评指正。

编　者

2016 年冬

目 录

第1部分
数字制图基础

第 *1* 章　地形图概述

1.1　概　　述

地形图这个名词对我们来说并不陌生,地理课本及历年高考都会涉及与地形图有关的一些基本知识,如利用等高线判断地形特征、利用等高线绘制剖面图等。但所有这些都是肤浅且不系统的。通过本章的学习,要使学生对地形图有一个全面而系统的认识,学会使用地形图,利用地形图进行室内及野外作业。

地形图是国家进行经济建设和国防建设的重要资料,道路的选线和施工,水库的设计和修建,农业规划,工业布局,地质、土壤、植被、土地利用等专业考察和区域开发,都要使用地形图。

地物:地球表面的固定物体,如居民地、建筑物、道路、河流、森林等。

地貌:地球表面各种高低起伏形态,如高山、深谷、陡坎、悬崖峭壁、雨裂冲沟等。

地物和地貌总称为地形。

地形图是指按一定的比例尺,用规定的符号和一定的表示方法表示地物、地貌平面位置和高程的正形投影图。

1.2　地形图的分类及用途

习惯上根据比例尺将地形图分为大、中、小 3 类,随着比例尺的不同,其内容与精度就有所区别,从而其用途也有所不同。地形图的主要用途如下。

①用于研究区域概况。

②提供各种资料和数据。

③作为填绘地理考察内容的工作底图。

④野外工作的工具。

⑤编制专题地图的底图。

1.2.1 大比例尺地形图

比例:1:5 000～1:10 万(包括 1:5 000、1:1 万、1:2.5 万、1:5 万、1:10 万)。

用途:从图上可以直接量取各种精确的数据,能在图上进行规划设计,可作为专业调查和填图的工作底图和编制专题地图的底图。

1.2.2 中比例尺地形图

比例:1:25 万～1:50 万。

用途:精度低于大比例尺地形图,一般作为总体规划用图,也可作为编制小比例尺专题地图的底图。军事上可作为高级司令部组织战役,制订战略计划时用图。

1.2.3 小比例尺地形图

比例:小于 1:100 万。

精度低于大、中比例尺,特点是综合程度大。

用途:概括地表示了区域的地理特征,故被称为"一览图",它可作为国家、省级行政单位总体规划和全国性的各种专题图的底图。军事上,用作战略规划和编绘军事态势图。

各种比例尺地图所示实际面积如表 1.1 所示。

表 1.1 不同比例尺所表示的实地面积

比例尺	表示实地面积/km^2
1:5 000	5
1:1 万	20 多
1:2.5 万	110 多
1:5 万	450 多
1:10 万	1 800
1:25 万	16 000
1:50 万	64 000
1:100 万	256 000

1.3 8 种基本比例尺地形图

我国把 1:5 000、1:1 万、1:2.5 万、1:5 万、1:10 万、1:25 万(原 1:20 万)、1:50 万、1:100 万 8 种比例尺的地形图定为国家基本比例尺的地形图。

地形图的内容包括水文、地形、土质、植被、居民地、交通线和境界线。

其特点如下。

①内容详细,几何精度高。比例尺较大,特别是大于 1:10 万,是实测图,详细而精确地反映区域内地理事物形状分布位置类型及数量特征。

②采用统一的符号系统。

第 2 章　地形图的数学基础

地形图内容详尽,精度要求很高。为了保证地形图具有良好的精度,对地形图的数学基础,特别是地图投影的要求很高:方向正确,没有角度变形,以保证图上景物形状与实地相似;地物之间的距离和关系位置正确,以便于量测。那么,选用什么样的投影才能满足这些要求呢?

2.1　投影和分带

2.1.1　投影

我国大、中比例尺的地形图采用等角横切椭圆柱投影,即高斯-克吕格投影。小比例尺地形图(1∶100 万)采用等角圆锥投影。

高斯-克吕格投影的原理:假设用一空心椭圆柱横套在地球椭球体上,使椭圆柱轴通过地心,椭圆柱面与椭球体面某一经线相切;然后,用解析法使地球椭球体面上经纬网保持角度相等的关系并投影到椭圆柱面上;最后,将椭圆柱面切开展平,就得到投影后的图形。

由于这个投影方式是德国数学家、物理学家、天文学家高斯于 19 世纪 20 年代(1825 年)拟定,后经德国大地测量学家克吕格于 1912 年对投影公式加以补充而得到的,故称高斯-克吕格投影。

经过该方法投影后的经纬网图形可看出以下 3 条规律。

①中央经线和赤道为垂直相交的直线,将其作为直角坐标系的坐标轴,也是经纬网图形的对称轴。

②经线为凹向对称于中央经线的曲线;纬线为凸向对称于赤道的曲线,且与经线曲线正交,没有角度变形。

③中央经线上没有长度变形,其余经线的长度略大于球面实际长度,离中央东西两侧越远,椭圆柱面与椭球面越不接触,其变形越大(纬线为 0°,经差为±3°,长度变为 1.38%)。

2.1.2　分带

为了控制变形,采用分带投影的办法,规定 1∶2.5 万～1∶50 万地形图采用经差 6°分带;1∶1 万及更大的比例尺地形图采用 3°分带,以保证必要的精度。

1)6°分带法

从格林威治 0°经线(本初子午线),自西向东按经差每 6°为一个投影带,全球共分 60 个投影带,依次编号为 1—60,我国位于东经 72°—东经 136°,共包括 11 个投影带,即 13—23 带。

2)3°分带法

从东1°30′经算起,自西向东按经差3°为一个投影带,全球共分120个带,我国位于24—45带。

2.2 地形图上的坐标网

为了在地图上迅速而准确地指示目标位置和确定方向、距离、面积等,高斯-克吕格投影的地图上绘有两种坐标网:地理坐标网(经纬网)和直角坐标网(方里网)。

2.2.1 地理坐标网

规定在1:1万~1:10万比例尺的地形图上,每幅图的内图廓为经纬线,而图内不加绘经纬线,经纬度数值注记在内图廓的四角。在内外图廓间,还绘有黑白相间或仅用针线表示经差、纬差1′的分度带。需要时将对应点相连接,就可构成很密的经纬网。

在1:25万~1:100万地形图上,直接绘出经纬网,有时还绘有加密经纬网的加密分割线。纬度注记在东西内外图廓间,经度注记在南北内外图廓间。

2.2.2 直角坐标网

1)坐标系的建立和起算

直角坐标网是以每一投影带的中央经线为纵轴(x轴),赤道作为横轴(y轴),纵坐标以赤道为0起算,赤道以北为正、以南为负。我国位于北半球,纵坐标都是正值。横坐标本来应以中央经线为0起算,以东为正、以西为负,但因坐标数有正有负,不便于使用,所以,又规定凡横坐标值均加500 km即等于将纵坐标轴向西移500 km,横坐标从此起算则均为正值。

2)直角坐标网的构成

以千米为单位,按相等的间距,作平行于纵、横轴的若干直线,便构成了图面上的平面直角坐标网,又叫方里网。

3)坐标的注记

纵坐标注记在东西内外图廓间,由南向北增加(四位数);横坐标注记在南北内外图廓间,由西向东增加。近地图四角注有全部坐标数。横坐标前两位为带号,其余只注最后两位千米数。

规定用1:10万和更大的比例尺地形图绘制方里网,其间隔规定如表2.1所示。

表2.1 不同比例尺在图上方里网的间隔及其所对应的实地长度

比例尺	图上方里网间隔/cm	相应实地长度/km
1:1万	10	1
1:2.5万	4	1
1:5万	2	1
1:10万	2	2

2.2.3　相邻投影带图幅的拼接

由于高斯-克吕格投影的经线是向投影带的中央经线收敛的,它和坐标纵线有一定的夹角,叫子午线收敛角。所以,当相邻两带的图幅拼接时,方里网就形成了折角,这就给拼接使用地图带来很大的困难。因此,规定在一定的范围内把邻带的坐标延伸到本带的图幅上,这就使某些图幅上有两个方里网系统,一个是本带的,一个是邻带的。为了区别,图廓内绘有本带方里网,图廓外绘邻带方里网的小段,需要使用时才连绘出来,这样相邻图幅就具有统一的直角坐标系统。

绘有邻带方里网的区域范围是沿经线呈带状分布的,所以叫重叠带。

重叠带的实质就是将投影带的范围扩大,即西带向东带延伸 30′,东带向西带延伸 15′。

2.3　地形图的分幅与编号

为了保管和使用方便,每一种基本比例尺地形图都规定有一定的图廓大小,每一幅图都具有相应的号码标志,这项工作叫地形图的分幅和编号。

地形图的分幅方法有两种:一是矩形分幅,二是经纬线分幅。我们国家基本比例尺地形图采用经纬线分幅,也叫梯形分幅。

2.3.1　1∶100 万地形图的分幅和编号

分幅:经差,6°;纬差,4°。

由经度 180° 开始按经差 6° 自西向东将全球分成 60 纵行,用 1,2,…,60 表示。

由赤道开始,按纬差 4° 将南北半球各分成 22 横列,依次用字母 A,B,…,V 表示。

编号:每幅 1∶100 万地形图的编号是由列号和行号所组成,列号在前,行号在后,中间连一短线,如北京所在图幅,J-50(北京 116°05′15″E,39°50′10″N)。

2.3.2　1∶50 万;1∶25 万;1∶10 万地形图分幅和编号

1)1∶50 万

按经差 3°、纬差 2° 分幅,每幅 1∶100 万图含 4 幅,代号 A,B,C,D,例 J-50-A。

2)1∶25 万

按经差 1°30′、纬差 1° 分幅,每幅 1∶100 万图含 16 幅,代号 a,b,c,d,例 J-50-A-b(编号 1∶50 万幅后加上代号)。

3)1∶10 万

按经差 30′、纬差 20′ 分幅,每幅 1∶100 万图含 144 幅,代号 1,2,3,…,144,例 J-50-5(编号在 1∶100 万幅编号后加上自然序数代号)。

2.3.3　1∶5万、1∶2.5万、1∶1万分幅编号

1)1∶5万

按经差15′、纬差10′分幅,每幅1∶10万图含4幅,编号是在1∶10万幅后加上自己的序号 A,B,C,D,例 J-50-5-B。

2)1∶2.5万

按经差7′30″、纬差5′分幅,每幅1∶5万图含4幅,代号为1,2,3,4,例 J-50-5-B-4。

3)1∶1万

按经差3′45″、纬差2′30″分幅,每幅1∶10万图含64幅,代号为(1),(2),(3),…,(64),编号为在1∶10万地形图的图号后面分别加上各自的代号,例 J-50-5-(24)。

我国基本比例尺地形图的分幅和编号系统是以1∶100万地形图为基础,在其图号后面增加一个或数个代号的标志而成的。

第 3 章　地形图的基本组成

3.1　图　廓

图廓,又称图框,是地图图形的范围线,一般由内图廓、外图廓和分度带组成。

地形图的内图廓用细实线,南(下)北(上)两条线为本图幅的南北纬度界线,左(西)右(东)两条线为本图幅的经度范围。

分度带位于内外图廓之间,由两条平行细线和中间加绘相当于经纬线上的分和度的细短线组成,用以量测图上任何点的地理坐标和将地面事物按其地理坐标展绘到地图上。

外图廓用粗实线表示,平行于分度带之外,可集中视觉、增强效果。其装饰作用,其颜色、宽度和图形应与地图内容相协调。

小比例尺挂图图廓,常用图案花边,花边的宽度视图幅的大小而定,一般不超过图廓边长的 $1\% \sim 1.5\%$;内外图廓间的间隔,常为图廓边长的 $0.2\% \sim 1.0\%$ 。

3.2　图名和图号

3.2.1　图名

图名是地形图的名称。图名一般选用图幅内最大的居民地名称;在无居民地的图幅上,以一著名地理事物的名称定名,写在图纸的正上方。

3.2.2　图号

图号是该图幅按比例尺和地理位置确定的编号。地形图图号是对各比例尺地形图进行的统一编号,一般放在图名下方。

3.3　比例尺和坡度尺

3.3.1　比例尺

比例尺分为数字比例尺和线段比例尺。数字比例尺表示成 $1:M$，M 为分母，M 越大则比例尺越小，如 $1:50\,000$ 就是图上 1 cm 代表实地长度 500 m；线段比例尺是用线段长度直接说明实地距离，通常是把一根线段分成 5 等分，每等分 1 cm，左手第 1 cm 处为 0 刻度，向左划分到 mm，端点处写上图上 1 cm 代表的实际距离，向右每 2 cm 写一个数字（千米数）。

一般 $1:5\,000\sim 1:5$ 万为中比例尺；大于 $1:5\,000$ 就叫大比例尺，如 $1:2\,000$ 或 $1:1\,000$ 等；小于 $1:5$ 万的叫小比例尺，如 $1:10$ 万、$1:20$ 万等。

高斯-克吕格投影分带规定：该投影是国家基本比例尺地形图的数学基础，为控制变形，采用分带投影的方法，在比例尺 $1:2.5$ 万 $\sim 1:50$ 万图上采用 6° 分带，对比例尺为 $1:1$ 万及大于 $1:1$ 万的图采用 3° 分带。

3.3.2　坡度尺

坡度尺一般放在图幅的左下角，其中的曲线代表等高线，由左向右越来越密集，相应的坡度也越来越大。它用来量测地形图上两点之间的坡度，有相邻两根等高线坡度尺和相邻六根等高线坡度尺之分。

坡度尺用法：用卡规卡住要量坡度的两点，在坡度尺上去比对，读出相应的坡度即可。

3.4　接图表和四邻图号

每幅地形图的上下左右都有邻接的图幅，由于地形图经常需要拼接使用，因此安排一个"#"字形接图表，用来表明与周围相邻图幅的接合关系。"#"字中央绘有晕线的部位是本幅地形图，四周其他 8 个格注记的是相应位置图幅的图名。

四邻图号：在四边外图廓的中央，注记有同比例尺相邻图幅的编号。它也用来表明本图幅与四邻图幅的接合关系，以便于查找和拼接地形图。

3.5　三北方向线

三北方向线绘制在坡度尺旁边，用来形象地表示三个北方向之间的偏差。其中带五角星的线为地理子午线（经线），星的位置就是地理北也叫真北；带箭头的线为磁子午线，箭头即磁北方向；另一个带叉的线就是坐标纵线，即坐标北方向。

3.5.1　三种基本方向线

1）真北

过地面上任意一点,指向北极的方向,叫真北。其方向线叫真北方向线或真子午线。地图上东西内图廓就是真子午线。

2）磁北

过地面上任意一点,磁针所指的北方,叫磁北。其方向线叫磁方向线或磁子午线。地图上 P、P′点或磁北、磁南点的连线叫磁子午线。

3）坐标纵线北

地图上坐标纵线所指的北方,叫坐标纵线北。

3.5.2　三种方位角

1）真方位角

从真子午线北段顺时针方向量至某一直线的水平角,叫真方位角。

2）磁方位角

从磁子午线北端顺时针方向量至某一直线的水平角,叫磁方位角。

3）坐标方位角

从坐标纵线北端顺时针方向量至某一直线的水平角,叫坐标方位角。

3.5.3　三种偏角

由于真北、磁北、坐标纵线北在一般情况下方向是不一致的,所以三者之间互相形成三种偏角。

1）磁偏角

磁偏角是以真子午线为准,磁子午线与真子午线之间的夹角。磁子午线东偏为正、西偏为负,磁偏角是实测得来的,由于磁偏角因地而异,所以图幅的磁偏角是本图幅几个点的平均值。

2）坐标纵线偏角（子午线收敛角）

坐标纵线偏角是以真子午线为准,坐标纵线与真子午线之间的夹角。磁子午线东偏为正、西偏为负,在投影带的中央经线以东的图幅均为东偏,以西的图幅均为西偏。

3）磁坐偏角

磁坐偏角是以坐标纵线为准,坐标纵线与磁子午线之间的夹角。磁子午线东偏为正、西偏为负。

偏角与方位角间的换算关系:

坐标方位角＝磁方位角+磁坐偏角

磁方位角＝坐标方位角+磁坐偏角

真方位角＝坐标方位角+坐标纵线偏角

注意偏角的正负号。

3.6　领属注记和图廓间说明注记

3.6.1　领属注记

领属注记是在图名图号下面注记的省、市、县等名称,是说明该图幅内包括的省、市、县领地(排在前面的为占有图幅面积大的)。

若有国界的,则将我国国名和区域省份注记于前面。

3.6.2　图廓间说明注记

图廓间说明注记是在内外图廓之间的说明文字,是为方便用图而加的注记,包括以下内容。

1)到达地注记

如铁路或公路在出图廓处,注明其通往邻幅图内的重要居民地名称以及里程数。

2)在境界线出图廓处注记

分别注明境界两边相应等级的行政区名称;对大型居民地、湖泊等地物,分布在本图幅和相邻图幅时,则在跨越图幅处的图廓边缘注出其名称,以说明其另一部分位于相邻的图幅上。

3.7　图式图例

图式就是地物符号的设计,通俗地讲就是地物用什么符号表示;图例就是把地图上的符号有系统地排列,组成图例表。地形图的图式图例都有严格规定,不能自行设计。应将《地形图图式》中常用的符号,放置在图廓外右侧上半部。

3.8　测制、出版时间和成图方法

测制、出版时间说明本幅地图的测制年份,测制出版年份越近、资料越新,现实性越好。若注明"航测""调绘"表明这幅图是用航空摄影测量方法测制的,精度较高、准确可信;或注明"依资料编绘",则表示本图幅精度不如实测。另外,还应注明出版单位。测制、出版时间和成图方法一般放在图纸右下角。

3.9　密　级

地形图是国家保密文件,分秘密、机密、绝密3级,在图的右上角表明,应根据密级妥善保存。

第 4 章　地形图符号

地图内容都是采用一定颜色的点、线、面、几何图形表示的,这些点、线、面、几何图形称为地图符号。地图符号是地图的语言,它不仅能显示地图的形状、大小和位置,而且还能反映出地物的质量、数量及其相互关系。所以,读图、绘图等都要熟悉和善于运用地图符号。

4.1　地物符号

地形图内除地形符号(等高线)及注记外所有符号统称为地物符号,有点、线、面、几何符号等。地面上的物体是错综复杂的,必须经过归纳(分类、分级)使其抽象化,并用特定的符号表示在图上。

4.1.1　地物符号的分类

1) 按地物符号的图形特征分类

(1) 正形符号

它按地物平面轮廓形状构成。符号图形与地物轮廓形状相似,如居民地、河流、桥梁等。

(2) 侧视符号

它按地物的侧面形状设计而成。符号图形与地物侧视形状相像,如水塔、烟囱、庙碑等。

(3) 象征符号

有些地物既不宜用正形符号表示又不宜用侧视符号表示,而是用一种象征地物含义的图形表示,如变电站、气象台等。

2) 符号与地物的比例关系分类

(1) 依比例符号

它又称轮廓符号或面状符号,即实地上面积较大的地物,依比例尺缩小后,仍能保持与实地形状相似、图形清晰的符号,如居民地、森林、大的河流湖泊等。其外部轮廓是依比例的,周界以实线或虚线表示,地物的意义、性质、数量、质量等特征采用轮廓线内加绘排列或散列的填充符号和说明注记表示。

(2) 半依比例符号

它又称线状符号,用以表示如道路、小河、堤坝等地物。这种符号在多数情况下不能依比例表示宽度,只能以比例表示长度,在图上只能量其长度(其准确位置是符号的中心线或底线),不能量测宽度。

（3）不依比例符号

它又称记号符号或点状符号,即实地上一些面积较小但又很重要的地物,如水塔、烟囱、古塔等。它缩小后仅是一个点,不能依比例尺表示,而采用规定符号表示,故称不依比例符号。这类符号的主要特点有二:一是符号图形具有所示地物的独有特性,但不能代表其实地大小。二是主点符号的定位点位置与地面位置一致,但不同地物的主点位置都有不同的规定,如土坑（几何中心）、烟囱（底线中点）。

3）按符号的定位情况分类

（1）定位符号

它是指图上有确定的位置,一般不能任意移动的符号,图上符号大部分属于这一类。它们都可以根据符号的位置,确定其所代表的地物及实地位置。

（2）说明符号

它是指为了说明事物的质量和数量特征而附加的一类符号,通常依附定位符号而存在,如森林树种的符号、果园符号等。它们在图上配置于地类界范围内,呈规则或不规则排列,但无定位意义。

4.1.2 符号的尺寸

①符号旁以数字标注的尺寸值均以毫米（mm）为单位。

②符号旁只注一个尺寸值的,表示圆或外接圆的直径、等边三角形或正方形的边长;两个尺寸值并列的,第一个数字表示符号主要部分的高度,第二个数字表示符号主要部分的宽度;线状符号一端的数字,单线是指其粗细,两条平行线是指含线划粗的宽度（街道是指其空白部分的宽度）。符号上需要特别标注的尺寸值,则用点线引示。

③符号线划的粗细、线段的长短和交叉线段的夹角等,没有标明的均以图式的符号为准。一般情况下,线划粗为 0.15 mm,点的直径为 0.3 mm;符号非主要部分的线划长为 0.5 mm,非垂直交叉线段的夹角为 45°或 60°。

4.1.3 定位符号的定位点和定位线

①符号图形中有一个点的,该点为地物的实地中心位置。

②圆形、正方形、长方形等符号,定位点在其几何图形中心。

③宽底符号（蒙古包、烟囱、水塔等）定位点在其底线中心。

④底部为直角的符号（风车、路标、独立树等）定位点在其直角的顶点。

⑤几种图形组成的符号（敖包、教堂、气象站等）定位点在其下方图形的中心点或交叉点。

⑥下方没有底线的符号（窑、亭、山洞等）定位点在其下方两端点连线的中心点。

⑦不依比例尺表示的其他符号（桥梁、水闸、拦水坝、岩溶漏斗等）定位点在其符号的中心点。

⑧线状符号（道路、河流等）定位线在其符号的中轴线;依比例尺表示时,在两侧线的中轴线。

4.1.4　符号的方向和配置

①符号除简要说明中规定按真实方向表示者外,均垂直于南图廓线。

②土质和植被符号,根据其排列的形式可分成 3 种情况。

A. 整列式:按一定行列配置,如苗圃、草地、经济林等。

B. 散列式:不按一定行列配置,如小草丘地、灌木林、石块地等。

C. 相应式:按实地的疏密或位置表示符号,如疏林、零星树木等。表示符号时应注意显示其分布特征。

整列式排列一般按图式表示的间隔配置符号,面积较大时,符号间隔可放大 1~3 倍,在能表示清楚的原则下,可采用注记的方法表示。还可将图中最多的一种地物不表示符号,在图外加附注说明,但一幅图或一批图应统一。

配置是指所使用的符号为说明性符号,不具有定位意义。在地物分布范围内散列或整列式布列符号,用于表示面状地物的类别。

4.1.5　符号的颜色

为了使地图层次分明、清晰易懂,常采用不同的颜色来区分地物的性质和种类,自然地物为棕色,人工物为黑色,水下为蓝色。如棕色表示天然陡岸,黑色表示梯田坎,这样简化了符号种类、形状。利用符号的象征意义,如水用蓝色,森林用绿色,符合人们的印象,让人一目了然、记忆深刻,加强了图示效果。

4.1.6　注记

注记用以补充说明符号,不能表示地物的类别和特性,分为 3 种。

1) 名称注记
名称注记有居民地、山脉、水系等。

2) 数字注记
数字注记用阿拉伯数字或罗马数字说明高程、比高、河宽、水深、桥长、桥宽及载质量等。

3) 说明注记
说明注记用于说明有关的情况,如树种、路面(砾沥)。

4.1.7　符号使用方法与要求

①图式中除特殊标注外,一般实线表示建筑物、构筑物的外轮廓与地面的交线(除桥梁、坝、水闸、架空管线外),虚线表示地下部分或架空部分在地面上的投影,点线表示地类范围线、地物分界线。

②依比例尺表示的地物分以下表现形式。

A. 地物轮廓依比例尺表示,在其轮廓内加面色,如河流、湖泊等;或在其轮廓内适中位置配置不依比例尺符号和说明注记(或说明注记简注)作为说明,如水井、收费站等。

B. 面状分布的同一性质地物,在其范围内按整列式、散列式或相应式配置说明性符号和注记。如果界线明显的用地类界表示其范围(如经济林地等),界线不明显的不表示界线

（如疏林地、盐碱地等）。

C. 相同地物毗连成群分布，其范围用地类界表示，在其范围内适中位置配置不依比例尺符号，如露天设备等。

③两地物相重叠或立体交叉时，按投影原则下层被上层遮盖的部分断开，上层保持完整。

④各种符号尺寸是按地形图内容为中等密度的图幅规定的。为了使地形图清晰易读，除允许符号交叉和结合表示者外，各符号之间的间隔（包括轮廓线与所配置的不依比例尺符号之间的间隔）一般不应小于 0.3 mm。如果某些地区地物的密度过大，图上不能容纳时，允许将符号的尺寸略为缩小（缩小率不大于 0.8）或移动次要地物符号。双线表示的线状地物其符号相距很近时，可采用共线表示。

⑤实地上有些建筑物、构筑物，图式中未规定符号，又不便归类表示者，可表示该物体的轮廓图形或范围并加注说明。地物轮廓图形线用 0.15 mm 实线表示，地物分布范围线、地类界线用地类界符号表示。

⑥图式中土质和植被符号栏中，以点线框者，指示应以地类界符号表示实地范围线；以实线框者，指示不表示范围线，只在范围内配置符号。

⑦符号旁的宽度、深度、比高等数字注记，一般标注至 0.1 m。

各种数字说明，除特别说明外，凡为"大于"者含数字本身（如大于 3 m，含 3 m），"小于"者不含数字本身。各种符号等级说明中的"以上"和"以下"，其含义与上述相同。

4.2　地貌符号

地貌作为地形图上的一个要素，主要是指地表的高低起伏和形态特点，在地形图上主要是用等高线来表示的。因此，要从地形图上了解研究地貌的起伏变化情况，地面点的高程、高差，斜面的坡度等，首先要懂得等高线显示地貌的原理、特点和有关规定。

4.2.1　等高线显示地貌的原理和特点

1）原理

等高线是把地面上高程相等的各相邻点所连成的闭合曲线垂直投影在平面上的图形，假想从水平面到山顶部按相等的高度间隔把它一层层地切开，山地表面就会出现一条条大大小小的闭合接口线。把这些接口线垂直投影到平面上，则成为一圈套一圈的曲线图形，每一圈曲线上各点高程相等，所以都叫等高线。从图上可以看出，坡陡的一面等高线密，坡缓的一面等高线稀；两个山峰，高的那个等高线就多，矮的那个等高线就少，而且把两个山峰间的鞍部也能表示出来。地图上就是根据这个原理，用等高线来表示地面的高低起伏和形态变化。

2）特点

①等高闭合。

②多高少低。

③密陡稀缓。

④形似实地。

⑤不交不重(陡崖用特殊符号表示)。

⑥直交分水、集水线。

3)等高距的规定

等高距就是地形图上相邻等高线的高程差(图上相邻两条等高线间的水平距离,叫等高线平距)。对于同一山体而言,等高距大,等高线就少,地貌显示粗略;等高距小,等高线就多,地貌显示详细。所以,等高距决定显示地貌的详细程度,等高距的大小与地形图的比例尺有关,与地面起伏情况有关,比例尺大而地面起伏平缓,则等高距小;反之,则等高距大。

我国大中比例尺地形图等高距是固定的,一般规定在一种比例尺图中只采用一种等高距,称为基本等高距,见表4.1。

表 4.1　各种不同比例尺地形图的等高距

比例尺	平原—低山区/m(基本等高距)	高山区/m(复杂区)
1:1 万	2.5(1 m)	5
1:2.5 万	5	10
1:5 万	10	20
1:10 万	20	40
1:25 万	50	100
1:50 万	100	200

4)等高线的种类

(1)首曲线(基本等高线)

一般一种比例尺地图中只采用一种等高距,叫基本等高距。按规定的基本等高距描绘的细实线叫首曲线,用以显示地势的基本形态。

(2)计曲线(加粗等高线)

计曲线是为了便于察看等高线的高程,规定从 0 m 起算,每隔 4 条基本等高线绘 1 条加粗实线,即等于把每隔 5 倍等高距的等高线加粗并注上高程。

(3)间曲线(半距等高线)

间曲线是按规定等高距的 1/2 高程加绘的,用与首曲线同粗的较长虚线表示,用以显示首曲线不能显示的一些局部地势特征。间曲线可不闭合,但一般应对称。

(4)助曲线(辅助等高线)

助曲线是按规定基本等高距的 1/4 高程加绘的短虚线,用于表示间曲线仍不能充分显示的地势特征。助曲线不闭合。

5)高程起算和注记

(1)基准面

地球表面是一个起伏不平、十分不规则的曲面。但由于地球半径很大,虽然地表有起伏,但其与地球半径比较是微乎其微的。地球表面上海洋面积占71%,陆地面积占29%,所以设想用静止的海水面穿过大陆岛屿所形成的闭合曲面来表示地球的形状是恰当的。静止的海水面叫水准面,水准面的特征是处处于铅垂线相垂直。水准面有无数多个,其中通过平均海水面的水准面称大地水准面,它所包围的形状叫地球体。但由于地球内部构造和质量分布不均,引起铅垂线方向的变化,与铅垂线方向成直角相交的大地水准面仍是一个不规则的曲面,为了测量与制图的应用,便以"地球椭球"代替地球体。

地图上所表示的点的高程和等高线的高程都需要有一个统一的起算点,否则就不能比较两点的高程。我国在1949年以前,高程起算并没有统一的标准的。中华人民共和国成立后,为建立统一的高程系统,1950—1956年在青岛验潮站测定了黄海海域的平均海水面,1956年,把它作为大地水准面,即高程起算面或基准面,所以叫"1956年黄海高程系"。

（2）绝对高程、相对高程和高差

①绝对高程:地面上点到大地水准面的高度,也叫海拔或真高。

②相对高程:地面上点到任意假定水准面的高度叫相对高度或假定高度。

③高差:地面上两点间高程差叫高差或比高。

（3）注记

高程注记有两种:一种是点的高程,用黑色数字注记,字头朝向北图廓;另一种是等高线的高程,用棕色数字注记,字头朝向上坡方向。

4.2.2 地貌识别

1）6种基本形态的识别

（1）山顶

山顶是山的最高部分。山顶的等高线均是闭合形式,示坡线指向外侧。示坡线是垂直于等高线的短线,用于指示斜坡的方向。

山顶按形状可分为尖山顶、圆山顶和平山顶。

尖山顶等高线的特点:它是顶部间距较密、环圈小、棱角明显的封闭曲线,从山顶向下等高线逐渐由密变稀。

圆山顶等高线的特点:它是顶部间距较稀、圆滑的封闭曲线,环圈较大,由山顶向下等高线逐渐密集。

平山顶,如黄土塬、桌状山等的特点是山顶平坦、山坡陡峭。其等高线的特点是,等高线环圈大,呈较宽的空白,顶部向下等高线骤然变密。

（2）凹地

周围高、中间低的无常年积水的低地称为凹地,大而深的凹地称为盆地。凹地等高线也是一组闭合曲线,外圈等高线高于内圈等高线。在图上的显示方法是示坡线绘在等高线的内侧,区别于山顶。

（3）山脊

从山顶到山脚凸起的部分称为山脊,其等高线的特点是一组由山顶向山脚凸出、两侧对称的曲线,山脊按形状可分为尖山脊、圆山脊和平山脊。

尖山脊的等高线依山脊延伸的方向呈尖角状。

圆山脊的等高线依山脊延伸的方向呈圆弧状。

平山脊的等高线依山脊延伸的方向呈疏密悬殊的长方形状。

表示山脊各等线凸出部分顶点的连线,称为分水线。

（4）山谷

山谷指两山脊间的低凹部分,山谷等高线的特点与山脊正好相反,是一组向高处突出且两侧对称的曲线。山谷按形状可分为尖形谷（V 形）、圆形谷（U 形）和槽形谷 3 种。

V 形谷等高线过谷底处呈 V 字形转折,谷坡上均匀密集。

U 形谷等高线的特点是在谷底处呈 U 字形转折,在谷坡上比较密集,且由谷缘向谷底等高线逐渐变稀。

槽形谷等高线的特点是过谷底时在其两侧近于直角形,谷坡、谷底转化明显。

表示山谷各等高线凸出部分的顶点的连线叫集水线。

（5）鞍部

相邻两个山顶间的低凹部位因形似马鞍,故叫鞍部。鞍部由两组对称的等高线,即表示山谷的等高线和表示山脊的等高线组成,其凸形共同指向鞍部的中心。

（6）山岭

山岭是由许多山顶、山脊、鞍部连接而成的。其等高线的特点是一组大的闭合曲线内套有许多小的闭合曲线。

将相邻山顶与鞍部相连而成的最高凸棱部分称为山脊线。

2）4 种斜面（斜坡）

（1）等齐斜面

等齐斜面坡度基本一致,侧面呈直线状,等高线的特点是间隔大致相等。

（2）凸形斜面

凸形斜面上缓下陡,图上等高线分布自高处向低处由稀变密。

（3）凹形斜面

凹形斜面上陡下缓,图上等高线间距高处小、低处大,等高线高处密、低处稀。

（4）坡状斜面

坡状斜面坡面起伏,陡坡与缓坡交替出现,其等高线分布的特点是疏密相间。

3）变形地（不能用等高线表示的特殊地貌）

①冲沟。

②陡崖。

③梯田。

④陡石山。

⑤崩崖。

⑥滑坡。

第 **5** 章　地图图式

本章参照《国家基本比例尺地图图式》(GB/T 20257.1—2017)第一部分 1∶500、1∶1 000、1∶2 000 地形图图式,适用于 1∶500、1∶1 000、1∶2 000 地形图的测绘,也是各部门使用地形图进行规划、设计、科学研究的基本依据。

编　号	符号名称	符号式样			符号细部图	多色图色值
		1∶500	1∶1 000	1∶2 000		
5.1	测量控制点					
5.1.1	三角点 　a.土堆上的 　　张湾岭、黄土岗—— 点名 　　156.718、203.623—— 高程 　　5.0—比高	3.0　△ a　5.0　△	张湾岭 156.718 黄土岗 203.623			K100
5.1.2	小三角点 　a.土堆上的 　　摩天岭、张庄—点名 　294.91,156.71—高程 　　4.0—比高	3.0　▽ a　4.0　▽	摩天岭 294.91 张庄 156.71			K100
5.1.3	导线点 　a.土堆上的 　　I16,I23—等级、点号 　　84.46,94.40—高程 　　2.4—比高	2.0　⊙ a　2.4　⊕	I16 84.46 I23 94.40			K100

续表

编　号	符号名称	符号式样			符号细部图	多色图色值
		1：500	1：1 000	1：2 000		
5.1.4	埋石图根点 　a.土堆上的 　12,16—点号 　275.46,175.64—高程 　2.5—比高	2.0 ⊡ $\dfrac{12}{275.46}$ a 2.5 ⊡ $\dfrac{16}{175.64}$				K100
5.1.5	不埋石图根点 　19—点号 　84.47—高程	2.0 ⊡ $\dfrac{19}{84.47}$				K100
5.1.6	水准点 　Ⅱ—等级 　京石5—点名点号 　32.805—高程	2.0 ⊗ $\dfrac{Ⅱ京石5}{32.805}$				K100
5.1.7	卫星定位等级点 　B—等级 　14—点号 　495.263—高程	3.0 △ $\dfrac{B14}{495.263}$				K100

简要说明

5.1　测量控制点

图上各测量控制点符号的几何中心,表示地面上测量控制点标志的中心位置;符号旁的高程注记,表示实地标志顶面或木桩顶面的高程。

标志完整的测量控制点,图上除表示控制点符号外,还应注出控制点的点名(或点号)和高程。点名和高程以分数形式表示,分子为点名(或点号),分母为高程。点名和高程一般注在符号右方(有比高时,比高注在符号的左方)。水准点和经水准联测的三角点、小三角点,其高程一般注至 0.001 m,用三角高程测定的高程一般注至 0.01 m。

用烟囱、水塔等独立地物作测量控制点时,当地物依比例尺用轮廓图形表示时,且在轮廓图形能容纳控制点符号时,可在图形内真实位置上绘出控制点符号,不表示相应的地物符号,且需注出控制点点名(或点号)以及地物名称,如 △ $\dfrac{建院(烟囱)}{156.71}$;当地物不能依比例尺表示时,图上除表示相应的地物符号、注出测量控制点的点名和高程外,还应注出测量控制点的类别,如 ▲建院(三角点)/156.71 。位于房屋上的测量控制点,应在房屋符号的真实位置上表示控制点符号,并注出点名。

5.1.1 利用三角测量方法或精密导线测量方法测定的国家级的三角点和精密导线点。

设在土堆上的且土堆不能依比例尺表示的用符号 a 表示。

5.1.2 测角精度为 5″或 10″小三角点和同等精度的其他控制点。

设在土堆上的且土堆不能依比例尺表示的用符号 a 表示。

5.1.3 利用导线测量方法测定的控制点。

一、二、三级导线点均用此符号表示。设在土堆上的且土堆不能依比例尺表示的用符号 a 表示。

5.1.4 埋石或天然岩石上凿有标志的、精度低于小三角点的图根点。

设在土堆上的且土堆不能依比例尺表示的用符号 a 表示。

5.1.5 不埋石的图根点根据用图需要表示。

5.1.6 利用水准测量方法测定的国家等级的高程控制点。

5.1.7 利用卫星定位技术测定的国家等级控制点,包括 A ～ E 级。

编　号	符号名称	符号式样			符号细部图	多色图色值
		1：500	1：1 000	1：2 000		
5.1.8	独立天文点 照壁山—点名 24.54—高程	4.0　☆		照壁山/24.54		K100
5.2	水系					
5.2.1	地面河流 　a. 岸线 　b. 高水位岸线 　清江—河流名称					a. C100 面色 C10 b. M40Y100K30
5.2.2	地下河段及出入口 　a. 不明流路的 　b. 已明流路的					C100 面色 C10

编　号	符号名称	符号式样			符号细部图	多色图色值
		1：500	1：1 000	1：2 000		
5.2.3	消失河段					C100 面色 C10
				1.6　0.3		
5.2.4	时令河 　a.不固定水涯线 　（7—9）—有水月份					C100 面色 C10
		3.0　　1.0		a （7—9）		
5.2.5	干河床（干涸河）					M40Y100K30
		3.0　　1.0				
5.2.6	运河、沟渠 　a.运河 　b.沟渠 　　b1.渠首	a　0.25 b b1　0.3				C100 面色 C10

简要说明

5.1.8　利用天文观测的方法直接测定其地理坐标和方位角的控制点。

测有大地坐标的天文点用三角点符号表示。

5.2　水　系

江、河、湖、海、井、泉、水库、池塘、沟渠等自然和人工水体及连通体系的总称。

5.2.1　地面上的终年有水的自然河流。

岸线是水面与陆地的交界线,又称水涯线。河流、湖泊和水库的岸线,航测成图一般按摄影时的水位测定;实地测图一般按测图时的水位测定并加注航摄日期及测图日期。若摄影或测图时间为枯水或洪水期,所测定的水位与常水位(常年中大部分时间的平稳水位)相差很大时,应以常水位岸线测定。

当水涯线与陡坎线在图上投影距离小于 1 mm 时以陡坎符号表示。

高水位岸线系常年雨季的高水面与陆地的交界线,又称高水界。视用图需要表示。

高水界与水涯线之间有岸滩的,用相应的岸滩符号表示。

河流宽度在图上小于 0.5 mm 的用线粗为 0.1 mm ～ 0.5 mm 的单线渐变表示。

5.2.2　河流流经地下的河段,以及水流在地面上的出入口。

其圆弧符号表示在水流进出口的位置。当出入口处河宽在图上小于 3.0 mm 时,出入口符号的半径用河宽 d 表示;若出入口处河宽大于 3.0 mm 的,进出口的形状依比例尺表示。河流流经山洞时,用山洞符号表示。

5.2.3　河流流经沼泽、沙地等地区,没有明显河床或表面水流消失的地段。

5.2.4　季节性有水的自然河流。

以其新沉积物(淤泥)的上边界为时令河岸线(不固定水涯线),加注有水月份。时令河宽度在图上小于 0.5 mm 的用线粗为 0.1 mm ～ 0.5 mm 的单虚线渐变表示,其符号实部长度可根据河流的长度渐变为 0.5 mm ～ 3.0 mm,空白部分渐变为 0.3 mm ～ 1.0 mm。

5.2.5　降水或融雪后短暂时间内有水的河床或河流改道后遗留的河道。

干河床用虚线表示;宽度在图上大于 3 mm 的河床内应表示相应的土质符号,大于 5 mm 时应表示等高线。

5.2.6　人工修建的供灌溉、引水、排水、航运的水道。

运河、沟渠应根据实地上边沿间的距离确定图上的表示。图上宽度大于 0.5 mm 用双线表示,小于 0.5 mm 用单线表示。运河及干渠应注出名称注记。每条沟渠应加注流向符号。南水北调水利工程用运河符号表示并加注相应的名称注记或加注"南水北调工程"注记。

排碱、排水的沟渠应加注"排"字。

沟渠两边的堤岸用堤或加固岸表示。

灌溉渠系的源头,抬高水道并有抽水设备的渠首用符号 b1 表示。

编　号	符号名称	符号式样			符号细部图	多色图色值
		1：500	1：1 000	1：2 000		
5.2.7	沟壑 a. 已加固的 b. 未加固的 2.6—比高	a　2.6 b				K100
5.2.8	坎儿井 a. 竖井	0.3　a 1.0　4.0			3.2 1.6	C100

编　号	符号名称	符号式样			符号细部图	多色图色值
		1 : 500	1 : 1 000	1 : 2 000		
5.2.9	地下渠道、暗渠 　a. 出水口					C100
5.2.10	输水渡槽（高架渠）					K100
5.2.11	输水隧道					C100
5.2.12	倒虹吸					K100
5.2.13	涵洞 　a. 依比例尺的 　b. 半依比例尺的					K100

续表

编　号	符号名称	符号式样			符号细部图	多色图色值
		1∶500	1∶1 000	1∶2 000		
5.2.14	干沟 2.5—深度	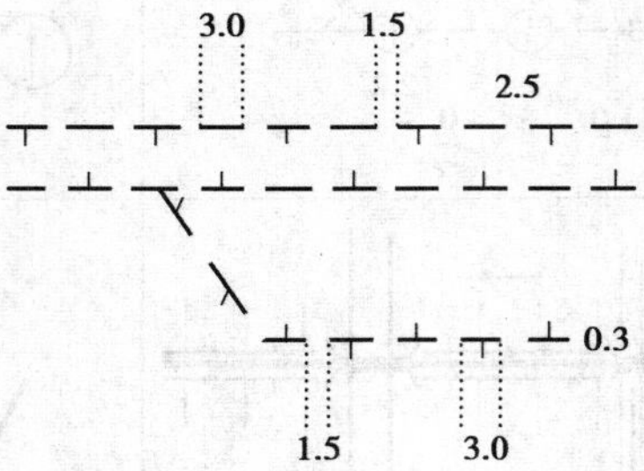 3.0　1.5　2.5　0.3　1.5　3.0				M40Y100K30
5.2.15	湖泊 　龙湖—湖泊 名称 （咸）—水质	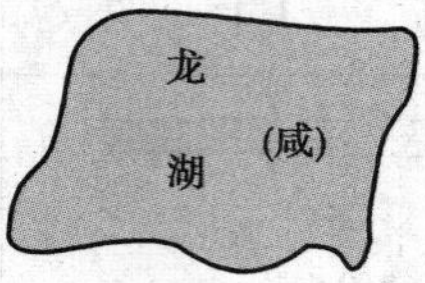 龙湖（咸）				C100 面色 C10
5.2.16	池塘	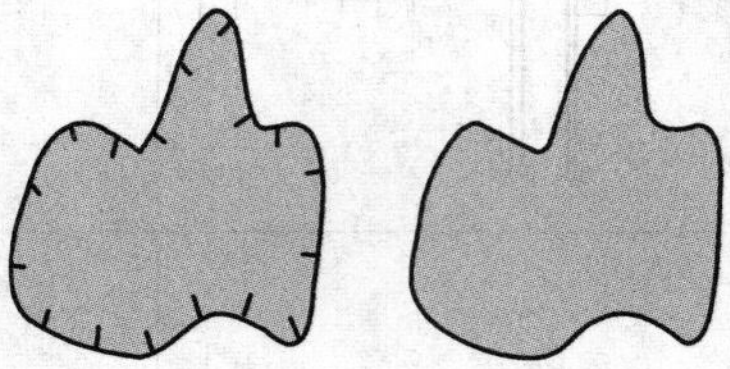				C100 面色 C10

简要说明

5.2.7　沟渠通过高地或山隘处经人工开挖形成两侧坡面很陡的地段。坡度大于 70°的用陡坎符号表示。沟堑比高大于 2 m 的应标注比高。

5.2.8　干旱地区引用地下水及雪水,并有竖井与之相通的地下暗渠。图上竖井位置实测表示。废坎儿井加注"废"字。

5.2.9　修筑在地面下、相隔一定距离有出水口的水道。图上出水口位置实测表示。

5.2.10 跨越山谷、道路或沟渠时的桥梁式输水设施,如水槽或水管。

有专有名称的加注名称,废弃的输水渡槽加注"废"字。

5.2.11 修建在山体中或地下的过水渠道设施。

5.2.12 渠道与铁路、公路、河流等平面交叉时,在路下或水下设置的虹吸式过水通道。

进、出水口按实际情况表示。

5.2.13 修建在道路、堤坝等构筑物下面的过水或通行通道。

当图上宽度小于1 mm用半依比例尺符号表示。

坝体上的出水孔也用此符号表示。

5.2.14 经常无水、只在雨后短暂时期内有积水的、未挖成而搁置或废弃的沟渠。

图上宽度小于1 mm的用单线表示,大于1 mm的用双线依比例尺表示。宽度大于5 mm时其内应表示等高线。深度大于2 m的应标注沟深。

5.2.15 陆地上洼地积水形成的水域宽阔、水量变化缓慢的水体。

水涯线以常水位位置确定,有名称的应加注名称。湖泊水是咸水(矿化度在1 g/L～35 g/L)或盐水(矿化度>35 g/L)时,应加注"(咸)"或"(盐)"字。单色表示时,湖泊加注"水"字。

5.2.16 人工挖掘的积水水体或自然形成的面积较小的洼地积水水体。

池塘的水涯线沿上边沿表示。用以人工养鱼或繁殖鱼苗的需加注"(鱼)"字。单色表示时,池塘水域部分加注"塘"字。

编 号	符号名称	符号式样			符号细部图	多色图色值
		1:500	1:1 000	1:2 000		
5.2.17	时令湖 （8）—有水 月份					C100 面色 C10
5.2.18	干涸湖					M40Y100K30

续表

编　号	符号名称	符号式样			符号细部图	多色图色值
		1∶500	1∶1 000	1∶2 000		
5.2.19	水库 　a. 毛湾水库—水库名称 　b. 溢洪道 　　54.7—溢洪道堰底面高程 　c. 泄洪洞口、出水口 　d. 拦水坝、堤坝 　　d1. 拦水坝 　　d2. 堤坝 　　水泥—建筑材料 　　75.2—坝顶高程 　　59—坝长（m） 　e. 建筑中水库					a. C100 面色 C10 b. M40Y100K30 c. C100 d. K100 e. C100 面色 C10
5.2.20	海岸线、干出线 　a. 海岸线 　b. 干出线					a. C100 b. K100
5.2.21	干出滩（滩涂） 　a. 沙滩 　b. 沙砾滩、砾石滩 　c. 沙泥滩 　d. 淤泥滩					a.～f. K100 面色 C10

简要说明

5.2.17　季节性有水的湖泊。

用不固定水涯线符号表示。以其新沉积物(淤泥)的上边界为水涯线,并加注有水月份。在沼泽地区的湖泊、水潭等,如没有明显和固定的水涯线时,也用此符号表示。

5.2.18　降雨或融雪后短暂时间内有水的湖盆。

湖内应表示相应的土质符号,有名称的加注名称。

5.2.19　因建造坝、闸、堤、堰等水利工程拦蓄河川径流而形成的水体及建筑物。

a.水库岸线以常水位岸线表示,并需加注名称注记。

b.溢洪道是水库的泄洪水道,用以排泄水库设计蓄水高度以上的洪水。水库的溢洪道用干沟符号按其实际宽度依比例尺表示。溢洪道口底部要标注高程,高程标在溢洪道底部的最高处。溢洪道的闸门用水闸符号表示。

c.泄洪洞口是水库坝体上修建的排水洞口。符号按实际方向表示在洞口位置上。引水孔、取水孔、灌溉孔、排沙洞等出水口,也用此符号表示。

d.水库坝体是横截河流或围挡水体以提高水位的堤坝式构筑物,用拦水坝符号表示;简易修筑的挡水坝体用堤符号表示。水库坝体应加注堤顶或坝顶高程、坝长和建筑材料。坝、堤内侧堤坡脚线与水涯线间的距离在图上大于 0.5 mm 时,应表示水涯线;小于 0.5 mm 时可不表示水涯线。

e.建筑中的水库表示水库坝址,范围线可用设计洪水位时的水涯线表示。

5.2.20　海岸线指海面平均大潮高潮时的水陆分界线;干出线指海面最低低潮时的水陆分界线(最低低潮线)。

一般可根据当地的海蚀阶地、海滩堆积物或海滨植物确定。受潮汐影响的河口地段其水涯线按海岸线表示。

5.2.21　干出滩又称海滩,是海岸线与干出线之间的潮浸地带,高潮时被海水淹没,低潮时露出。

干出滩范围内配置相应的土质及植被符号。

a.以沙质为主的干出滩。

b.沙与砾石混合的或以砾石为主的干出滩。砾石滩加注"砾石"。

c.沙泥混合的干出滩。

d.泥泞下陷、通行困难的干出滩。

e.由坚硬的岩石组成的干出滩。符号沿干出线表示。

f.由珊瑚虫遗体及其分泌出的石灰质堆积而成的干出滩。

g.生长红树林群落(常绿的乔木或灌木)的干出滩,一般不能通行,符号散列配置。

长有芦苇以及其他植被的干出滩以相应的植被符号表示。

h.人工养殖贝类的干出滩。

表示相应类别的干出滩符号,并散列配置贝类符号。

i.陆地河流延伸至干出滩中而形成的河道。

河道按其宽度分别用双排或单排点线表示至干出线。

j.潮水冲击干出滩所形成的水沟。

编　　号	符号名称	符号式样			符号细部图	多色图色值
		1：500	1：1 000	1：2 000		
5.2.21	e. 岩石滩					
	f. 珊瑚滩					
	g. 红树林滩					g. C100Y100
	h. 贝类养殖滩					h. K100
	i. 干出滩中河道					i. ~ j. C100
	j. 潮水沟					
5.2.22	危险岸区					M100Y100
5.2.23	礁石					
5.2.23.1	明礁					
	a. 单个明礁					
	a1. 依比例的					
	a2. 不依比例的					
	b. 丛礁					K100
5.2.23.2	暗礁					
	a. 单个暗礁					
	a1. 依比例的					
	a2. 不依比例的					
	b. 丛礁					

编　号	符号名称	符号式样			符号细部图	多色图色值
		1：500	1：1 000	1：2 000		
5.2.23.3	干出礁 　　a. 单个干出礁 　　　a1. 依比例的 　　　a2. 不依比例的 　　b. 丛礁	a	a1 干	a2 十 b 十十 十	2.0 十 0.3	
5.2.23.4	适淹礁 　　a. 单个适淹礁 　　　a1. 依比例的 　　　a2. 不依比例的 　　c. 丛礁	a	a1 适	a2 ⌖ b ⌖ ⌖	2.0 ⌖ 0.3 0.3	K100
5.2.23.5	珊瑚礁		干			
5.2.23.6	危险海区	⊥	⊥ 干 十	干干		

简要说明

图上只表示固定和较大的地物。表示潮水沟上、下游的点线符号时,应随水沟消失而逐渐变细(0.5 mm～0.2 mm)。

5.2.22　船只不能靠近的海岸多礁石地段。

表示时按实地范围散列配置符号,并加注"危险岸"。

5.2.23　礁石是孤立水中隐现于水面的岩石,按隐现于水面的程度分为明礁、干出礁、适淹礁和暗礁。不依比例尺表示的礁石,成丛分布的在其范围内按测定位置用相应的符号表示。

5.2.23.1　明礁是平均大潮高潮时露出的礁石。

图上面积大于符号尺寸的其轮廓用海岸线表示,轮廓内配置明礁符号。江、河、湖中有方位和障碍作用的明礁也用此符号表示。

5.2.23.2　暗礁是最低低潮时潮面下的礁石。

图上面积大于 10 mm² 依比例尺按轮廓表示的用符号 a1 表示,并加注"暗"字。通航河流中对航行安全有危害的暗礁也用此符号表示。

5.2.23.3　干出礁是平均大潮时高潮淹没、低潮露出的礁石。

图上面积大于 10 mm² 依比例尺按轮廓表示的用符号 a1 表示,并加注"干"字。

5.2.23.4 适淹礁是最低低潮时与水面平齐的礁石。

图上面积大于 10 mm² 依比例尺按轮廓表示的用符号 a1 表示,并加注"适"字。

5.2.23.5 珊瑚礁依比例尺表示的,相应加注"干"或"暗"字;不依比例尺的分别用相应的不依比例尺的礁石符号表示。

5.2.23.6 对航行存在危险的礁石,用地类界表示其危险区域。

编　号	符号名称	符号式样			符号细部图	多色图色值
		1:500	1:1 000	1:2 000		
5.2.24	海岛、水中岛					C100
5.2.25	水中滩 　　a. 沙滩 　　b. 石滩 　　c. 沙泥滩 　　d. 沙砾滩	a c	b d		1.5 ▲ 1.5 ▲ 1.5 0.9　0.9　0.9	K100
5.2.26	岸滩 　　a. 沙泥滩 　　b. 沙砾滩 　　c. 沙滩 　　d. 泥滩	a 清 江 c 清 江	b 清 江 d 清 江			M40Y100K30
5.2.27	沙洲					M40Y100K30
5.2.28	泉(矿泉、温泉、毒泉、间流泉、地热泉) 　51.2—泉口高程 　温—泉水性质	51.2 温				C100

编　号	符号名称	符号式样			符号细部图	多色图色值
		1：500	1：1 000	1：2 000		
5.2.29	水井、机井 　　a. 依比例尺的 　　b. 不依比例尺的 　　51.2—井口高程 　　5.2—井口至水 面深度 　　咸—水质	a ⊕ $\frac{51.2}{5.2}$ b 咸			3.2 1.6	C100
5.2.30	地热井				0.8 120° 2.5 60° 2.5	C100

简要说明

5.2.24　海或河流、湖泊、水库中四周环水且常年高出水面的陆地。

陆地内配置相应的土质及植被符号。

5.2.25　河流、湖泊、水库中常水位时被淹没、低水位时露出的沉积沙滩地或砾、泥形成的滩地。

图上按实地范围散列配置相应的土质符号。图上面积小于 10 mm² 的可不表示。

5.2.26　河流、湖泊岸边高水位时被淹没、常水位时露出的沉积沙质、泥质地或砾石块形成的滩地。

其内配置相应的土质符号,有植被的还应配置植被符号。

5.2.27　河流、湖泊、水库中堆积而成的高水位时淹没、常水位时露出的泥沙质小岛。

其内配置相应的土质符号及植被符号。图上面积小于 10 mm² 的可不表示。

5.2.28　地下水集中涌出的出水口。

符号的圆点表示水口位置,其弯曲线段表示泉水流向。作为河源的泉应与河流不间断地表示。

一般应标注泉口高程。矿泉、温泉、间流泉、毒泉、喷泉等分别加注"矿""温""间""毒""喷"等,有专用名称的加注名称。

有大量天然水蒸气或水温 60 ℃ 以上的水涌出的地热泉加注"地热"。

5.2.29　人工开凿用于取水的竖井。

井口直径图上大于 3.2 mm 的用符号 a 按实际形状依比例尺表示,在其中配置不依比例尺符号。可饮用的水井应择要注出井口的地面高程和井口至水面的深度。

干旱地区的干井、枯井也用此符号表示,加注"干""枯"等字。自流井、温泉井、咸水井、苦水井、毒水井等分别加注"流""温""咸""苦""毒"等,有专用名称的加注名称。

用机械或电力为动力取水的水井加注"机"字。水井在房屋内的,以房屋符号表示,旁边加注"机"或"井"字。

5.2.30 有大量天然水蒸气或水温60 ℃以上的水井。

编　号	符号名称	符号式样			符号细部图	多色图色值
		1 : 500	1 : 1 000	1 : 2 000		
5.2.31	贮水池、水窖、地热池 　a.高于地面的 　b.低于地面的 　净—净化池 　c.有盖的					C100 面色 C10
5.2.32	瀑布、跌水 5.0—落差					C100
5.2.33	沼泽 　a.能通行的 　b.不能通行的 　　碱—沼泽性 　　质					C100
5.2.34	河流流向及流速 0.3—流速(m/s)					C100

编　号	符号名称	符号式样			符号细部图	多色图色值
		1：500	1：1 000	1：2 000		
5.2.35	沟渠流向 　a. 往复流向 　b. 单向流向				7.5	C100
5.2.36	潮汐流向 　a. 涨潮流 　b. 落潮流	a 10.0　b			30° 1.5 0.7 1.0 1.0 1.0	C100
5.2.37	堤 　a. 堤顶宽依比 例尺 　　24.5—坝顶 高程 　b. 堤顶宽不依 比例尺 　　2.5—比高	24.5 a 4.0　2.0 2.5 b1 0.5 2.0 b2 0.2 2.0				K100
5.2.38	水闸 　a. 能通车的 　　5—闸门孔数 　　82.4—水底高程 　　砼—建筑结构	a 5—砼／82.4			2.4 45° 0.6 1.0 1.2	K100

简要说明

5.2.31　用于贮水的人工池或水窖。

图上按实地形状依比例尺表示。贮水池在房屋内的,以房屋符号表示,旁边加注"水"字。单色图上贮水池、水窖符号旁应加注"水"字。

净化池、污水池、洗煤池、废液池及开采地热资源的地热池也用此符号表示,并加注"净""污""洗煤""废液""地热"等字。

5.2.32　瀑布是从河床纵断面陡坡或山壁上倾泻而下的水流。瀑布应标注落差,有名称的加注名称,无名称的加注"瀑"字。

跌水是在河渠坡度变化急剧处,用砖、石、水泥构筑的台阶,使水流集中跌落的地段。跌水也用此符号表示,并加注"跌"字。

5.2.33 地面长期湿润、泥泞或有水潮浸的区域（包括季节性的湿草地）。

按其通行情况分别用相应符号表示。盐碱沼泽、泥炭沼泽应加注"碱""泥炭"注记。沼泽地上的植被用相应的植被符号表示。

5.2.34 河流的水流方向及速度。

有固定流向的江、河、运河应表示流向。通航河段应表示流速，图上每隔15 cm标注一个。

5.2.35 沟渠的水流方向。

有固定流向的沟渠应表示流向。在往复流的地方应标示往复流向。

5.2.36 水面受潮汐影响而形成涨潮、落潮的水流方向。

有羽尾的表示涨潮流，无羽尾的表示落潮流。受潮汐影响的河段，涨潮、落潮符号应成对表示。

海水潮流方向也用此符号表示。

5.2.37 人工修建的用于防洪、防潮的挡水构筑物。

堤高0.5 m以上的堤一般应表示。

堤顶宽度在图上大于1 mm的依比例尺表示，0.5 mm～1 mm的用符号b1表示，小于0.5 mm的用符号b2表示。

堤坡的投影宽度在图上大于1 mm的用依比例尺长短线表示，小于1 mm的均用0.5 mm短线表示。

堤上地物按相应符号表示。连接公路时，堤作为路堤表示；连接机耕路和乡村路时，路表示至堤端。

依比例尺表示的堤应标注堤顶高程，一般每隔10 cm～15 cm标注一点。堤高大于2 m时，应标注比高。重要的大型防洪堤、防潮堤应加注名称注记。

5.2.38 建在河流、水库和沟渠中，有闸门启闭，用以调节水位和控制流量的构筑物。

水闸根据其上部的通行情况区分能通车的、不能通车的、不能走人的。

进水闸、分水闸、节制闸、排洪闸、拦潮闸等均用此符号表示，符号中的尖角指向上游。孔径大于1 m的分水设备也用此符号表示。图上闸体长度大于3.5 mm时，用双线（闸体宽度大于0.5 mm的）和单线（闸体宽度小于0.5 mm的）依比例尺表示，其中配置水闸符号；当闸体长度小于3.5 mm时，用水闸符号表示。多孔水闸不能逐个表示时，可在适当位置配置符号，加注孔数和建筑结构。

闸上如有其他建筑物（如房屋建筑物）时，用相应的符号表示。跨河道的水闸房屋以房屋符号表示，在房屋内配置闸门符号。

编　号	符号名称	符号式样			符号细部图	多色图色值
		1：500	1：1 000	1：2 000		
5.2.38	b. 不能通车的 c. 不能走人的 d. 水闸上的房屋 e. 水闸房屋 3—层数					K100

编　号	符号名称	符号式样			符号细部图	多色图色值
		1 : 500	1 : 1 000	1 : 2 000		
5.2.39	船闸 　a. 能通车的闸门 　b. 不能通车、能走人的闸门 　c. 不能走人的闸门					K100
5.2.40	扬水站、水轮泵、抽水站 　a. 设置在房屋内的					K100
5.2.41	滚水坝					K100
5.2.42	拦水坝 　a. 能通车的 　　72.4—坝顶高程 　　95—坝长 　　砼—建筑材料 　b. 不能通车的					K100
5.2.43	加固岸 　a. 一般加固岸 　b. 有栅栏的 　c. 有防洪墙体的 　d. 防洪墙上有栏杆的					K100

简要说明

5.2.39　两端有闸门封闭,两闸门之间建有人工水道,将水位升高或降低,船能在不同高低水位间通行的设施。

闸门上部根据其通行情况区分能通车的、不能通车的、不能走人的。图上长度大于 2.4 mm 的,用闸门符号加依比例尺的双线或单线延伸表示。

船闸应注出其专有名称。

5.2.40　独立安置在水源处,利用水的冲力自动扬水或利用水泵取水的机电设备或设施。

不论其大小,均用此符号表示。扬水站、水轮泵、抽水站有房屋,给、排水管道等设施的用相应符号表示。设备安置在房屋内的抽水站和扬水站以房屋符号表示,其内配置符号,并加注"扬""抽"等字。

5.2.41　横截河流,使河水经常或季节性地从上面溢过的坝式构筑物。

不分建筑材料均用此符号表示。符号的短线朝向下游方向。

5.2.42　拦截山谷、横截河流以抬高水位的坝式构筑物。

应标注坝顶高程、坝长及建筑材料。

5.2.43　用木桩、砖、石、水泥等材料建成的护岸建筑。加固岸分为一般的、有栅栏的、有防洪墙的和防洪墙上有栏杆的。防洪墙是一种由墙体和加固岸坡重叠组合的设施。

加固岸的岸坡直接伸入水面,其间无通行地段的为无滩加固岸,水涯线可中断至加固岸符号处,如符号 a、c;加固岸下缘与水涯线之间有滩的为有滩加固岸,其岸顶线与水涯线均按实地位置表示,如符号 b、d。

编　号	符号名称	符号式样			符号细部图	多色图色值
		1 : 500	1 : 1 000	1 : 2 000		
5.2.44	陡岸 　a.有滩陡岸 　　a1.土质的 　　a2.石质的 　　2.2、3.8— 比高 　b.无滩陡岸的 　　a1.土质的 　　a2.石质的 　　2.7、3.1— 比高					a. M40Y100K30 b. C100

续表

编　号	符号名称	符号式样			符号细部图	多色图色值
		1 : 500	1 : 1 000	1 : 2 000		
5.2.45	防波提、制水坝 　a. 斜坡式 　b. 直立式 　c. 石垒式					K100
5.3	居民地及设施					
5.3.1	单幢房屋 　a. 一般房屋 　b. 有地下室的 房屋 　c. 突出房屋 　d. 简易房屋 　　混、钢—房屋 结构 　　1、3、28—房 屋层数 　　−2—地下房 屋层数					K100
5.3.2	建筑中房屋					K100
5.3.3	棚房 　a. 四边有墙的 　b. 一边有墙的 　c. 无墙的					K100
5.3.4	破坏房屋					K100

简要说明

5.2.44 岸坡比较陡峻、坡度在 50° 以上的地段。

陡岸下缘与水涯线之间有滩的称为有滩陡岸,其岸顶线与水涯线均按实地位置表示。有滩陡岸与水涯线之间宽度在图上大于 3 mm 时,应配置相应的土质、植被符号。

陡岸的岸坡直接伸入水面,其间无通行地段的称为无滩陡岸。双线表示的河上的无滩陡岸,其岸顶线与水涯线均按实地位置表示,水涯线可中断至陡岸符号处。单线表示的河不表示无滩陡岸。比高大于 2 m 的陡岸应加注比高。

5.2.45 调节水流方向或减缓水流流速,防护港口、海湾的护岸式堤坝。

根据建筑形式用相应符号表示。

5.3 居民地及设施

5.3.1 在外形结构上自成一体的各种类型的独立房屋。

一般房屋指以钢、钢筋混凝土、混合结构为主要建筑结构的坚固房屋和以砖(石)木为主要建筑结构的房屋。房屋应按真实方向逐个表示,并加注房屋结构简注及层数。有地下室的房屋用符号 b 表示,并应加注地下层数(地下只有一层的可以不注)。

形态或颜色与周围房屋有明显区别并具有方位意义的突出房屋用符号 c 表示,藏族地区有方位意义的经房也用此符号表示,并加注"经"字。晕线与南图廓成角,但当房屋边线与晕线平行时,允许将晕线偏转一个小角度绘出。

简易房屋指以木、竹、土坯、铁皮、秫秸为材料建造的房屋,用符号 d 表示。新疆用于晾晒葡萄干的晾房用简易房屋符号表示,并加注"晾"字。

1∶2 000 地形图上不注房屋结构简注,只注房屋层数;根据需要也可表示突出房屋。房屋基础加固成陡坎的部分,还应表示陡坎或将其轮廓线用陡坎符号表示。

5.3.2 已建房基或基本成型但未建成的房屋。

正在施工或暂停施工的均用此符号表示。

5.3.3 有顶棚,四周无墙或仅有简陋墙壁的建筑物。

符号中的短线绘在棚房拐角的角平分线上。

建筑物间的顶盖、固定的天棚、地下出入口上的雨棚均用此符号表示,季节性使用的棚房和渔村也用此符号表示,并加注使用月份,有名称的注出名称。临时性的棚房不表示。

5.3.4 受损坏无法正常使用的房屋或废墟。

不分建筑结构,均用此符号表示。

编　号	符号名称	符号式样			符号细部图	多色图色值
		1：500	1：1 000	1：2 000		
5.3.5	架空房 　　3、4—楼层 　　/1、/2—空层层数	砒4　砒3/1 砒4 2.5 0.5	4　3/2 4 2.5 0.5			K100
5.3.6	廊房 　　a.廊房 　　b.飘楼	a 混3 1.0 2.5 0.5	b 混3 2.5 0.5			K100
5.3.7	窑洞 　　a.地面上的 　　　a1.依比例尺的 　　　a2.不依比例尺的 　　　a3.房屋式的窑洞 　　b.地面下的 　　　b1.依比例尺的 　　　b2.不依比例尺的	a a1　a2　a3 b b1　b2			2.0　0.8 1.6	K100
5.3.8	蒙古包、放牧点 　　a.依比例尺的 　　b.不依比例尺的 　　(3—6)—居住月份	a (3—6)	b 1.6 3.2 (3—6)		0.4	K100

续表

编　号	符号名称	符号式样			符号细部图	多色图色值
		1：500	1：1 000	1：2 000		
5.3.9	矿井井口 　a. 开采的 　　a1. 竖井井口 　　a2. 斜井井口 　　a3. 平峒洞口 　　a4. 小矿井 　b. 废弃的 　　b1. 竖井井口 　　b2. 斜井井口 　　b3. 平峒洞口 　　b4. 小矿井 　硫、铜、磷、煤、 铁—矿物品种	a a1 3.8 ⊗ 硫　3.8 ⊠ 铁　3.8 ⊗ a2 6.2 ⊓煤1.9 a3 3.8 ⊓铜　　⊠　a4 2.4 ⊀ 磷 b b1 ⊗　　　⊠　　b2 ⊪废 b3 ⊓　　　b4 ⊀				K100
5.3.10	露天采掘场、乱掘地 　石、土—矿物品种	石　土				K100

简要说明

5.3.5　两楼间架空的楼层及下面有支柱的架空房屋。

一般按最外的建筑范围表示,两楼间的架空楼层,应注意表示与紧连房屋的相关位置。架空房下方有支柱的按实际柱位表示。吊楼也用此符号表示。

架空房下空层层数用斜杠引出。

5.3.6　下面可通行的走廊式楼房。

支柱按实际柱位表示。

5.3.7　在坡壁或坑壁挖成的洞穴式居所。分为地上的(在坡壁上挖成)和地下的(在地面向下挖成平底大坑,再从坑壁挖成)两种。

地面上窑洞按真实方向表示。符号 a1 两端短线表示洞口宽度,当洞口宽度小于 2 mm时用符号 a2 表示;用砖或石块在地面上建成的窑洞式房屋,用房屋符号表示,其内配置窑洞符号,如符号 a3。

地面下窑洞用符号 b 表示,其坑壁边缘范围表示陡坎或围墙,中间配置窑洞符号(符号垂直于南图廓)。地下窑洞的出入口按相应符号表示。

岩石陡壁上的窑洞加注"石"字,著名的应加注名称。废弃窑洞加注"废"字。

5.3.8 牧民游牧时居住的常年或季节性的活动毡房或帐篷。

大于符号尺寸的依比例尺表示其轮廓线,其内配置符号;小于符号尺寸的,用符号 b 表示,符号表示在驻扎地的中心位置。有名称的应加注名称,季节性的加注居住月份。

5.3.9 地下开采矿物的坑道的出入口。

竖井指垂直地面的主坑道,斜井指斜交地面的主坑道,平硐指平入矿层的主坑道。井口大于符号尺寸的,符号外轮廓依比例尺表示。

斜井符号的两个直角顶点的中心表示井口的位置,表示坑道的两条平行线按真实方向表示,符号尾部朝向井坑道内部;平硐符号按真实方向表示在出入口的闸门位置上。

通风井应加箭头,入风口其箭头向下,出风口其箭头向上。

小型的机械化程度低的矿井,不分形式均以小矿井符号表示。

开采的矿井应加注相应的产品名称,如"铁""煤""铜""硫""磷"等。进水井、出水井也用此符号表示,并加注"水""出水"等字。

废弃的矿井用相应的符号表示。

矿场其他地面建筑物用相应的符号表示。

5.3.10 露天开采矿物及挖掘沙、石、黏土等的场地(包括乱掘地)。

有明显坎、坡的用陡坎或斜坡符号表示,无明显坎、坡的用地类界表示其范围,并加注开采品种说明,如"铁""沙""石""土"等字。特别零乱的乱掘地用地类界表示范围,其中适当表示陡坎符号。图上面积较大的可表示等高线。

有专有名称的采掘场应加注名称。

编 号	符号名称	符号式样			符号细部图	多色图色值
		1:500	1:1 000	1:2 000		
5.3.11	管道井(油、气井) 油—产品名称	3.6 1.5⬤油				K100
5.3.12	盐井	⊕			3.2 ⬤···0.4 1.6	K100
5.3.13	海上平台	油			3.6 1.5	K100

续表

编　号	符号名称	符号式样			符号细部图	多色图色值
		1：500	1：1 000	1：2 000		
5.3.14	探井(试坑) 　a. 依比例尺的 　b. 不依比例尺的	a　　　b　3.0　2.0				K100
5.3.15	探槽	探				K100
5.3.16	钻孔 　涌—钻孔说明	0.8 2.5 ⊙ 涌				K100
5.3.17	液、气贮存设备 　a. 依比例尺的 　b. 不依比例尺的 　　油、煤气—贮存 物名称	a　⊙ 油　　油 b　2.4 ◓ 煤气				K100
5.3.18	散热塔、跳伞塔、蒸馏塔、瞭望塔 　a. 依比例尺的 　b. 不依比例尺的	a　瞭　b 3.6 1.5				K100
5.3.19	水塔 　a. 依比例尺的 　b. 不依比例尺的	a　　b 3.6 2.0			2.0 1.0 3.0 1.2	K100
5.3.20	水塔烟囱 　a. 依比例尺的 　b. 不依比例尺的	a　　b 3.6 2.0			1.0 0.2　0.6 0.6　2.8 1.6 1.3	K100

续表

编　号	符号名称	符号式样			符号细部图	多色图色值
		1∶500	1∶1 000	1∶2 000		
5.3.21	烟囱及烟道 　a.烟囱 　b.烟道 　c.架空烟道	a	b	c		K100
5.3.22	放空火炬					K100

简要说明

5.3.11　开采石油天然气等矿产的工业井。

符号表示在井口处,并加注相应的产品名称,如"油""气"等字。

用来向油层注水(气)的注水(气)井也用此符号表示,并加注"水"("气")字。

5.3.12　开采盐矿、卤水的井。

符号表示在井口处。废弃的加注"废"字。

5.3.13　海上固定的长期作为开采石油、天然气等矿产的钻井架及作业平台。

用实线表示轮廓,在井架位置配置符号,并加注相应的产品名称,如"油""气"等字。

5.3.14　为勘探各种矿床、地层岩性和地质构造等情况,由地面垂直向下挖掘的井和坑。

不分外形,均用此符号表示。图上超过符号尺寸的用实线表示轮廓,其内配置符号。

5.3.15　专用于地质勘探的由人工挖掘的沟槽。

图上应加注"探"字。汽车检修槽也用此符号表示,并加注"车"字。

5.3.16　钻机钻探的孔位。

特殊钻孔加注说明,如涌水孔加注"涌"字。

5.3.17　贮存液体、气体的大型容器或建筑物以及有方位意义的其他类似物体,如石油罐、煤气罐、氨水库、贮氧器等。

图上应简注贮存物的名称,如"油""气"等字。依比例尺表示的贮存建筑物用实线表示轮廓,中心位置配置不依比例尺符号。

5.3.18　各种用于散热、跳伞、蒸馏、瞭望等的塔形建筑物。

图上应加注相应的"散热""伞""蒸馏""瞭"等注记。依比例尺表示的用实线表示轮廓,其内配置符号。

5.3.19　提供供水水压的塔形建筑物。

依比例尺表示的用实线表示轮廓,其内配置符号。

5.3.20　水塔和烟囱合为一体的建筑物。

依比例尺表示的用实线表示轮廓,其内配置符号。

5.3.21　排放燃烧废气的中空塔形建筑物。

依比例尺表示的用实线表示轮廓,其内配置符号。

烟道是用支架或/和利用地形修筑的废气通道。烟道支架按真实位置表示。1∶2 000表示支架。

5.3.22　燃烧石油及化工生产中产生的可燃烧气体的塔形或管形设施。

编　号	符号名称	符号式样			符号细部图	多色图色值
		1∶500	1∶1 000	1∶2 000		
5.3.23	盐田(盐场)	盐　　田			堤、埂	K100
5.3.24	窑 a. 堆式窑 b. 台式窑、屋式窑 瓦、陶—产品名称	a　　　瓦　b　陶			1.0　2.2　2.2	K100
5.3.25	露天设备 a. 单个的 　a1. 依比例尺的 　a2. 不依比例尺的 b. 毗连成群的	a1　a2　b			1.2　2.5　2.5	K100
5.3.26	传送带 a. 地面上的 b. 架空的 c. 地面下的	a 传送带 b 传送带 c 传送带 2.0　1.0	1.0 2.5			K100

编　号	符号名称	符号式样			符号细部图	多色图色值
		1∶500	1∶1 000	1∶2 000		
5.3.27	吊车 a. 龙门吊 b. 天吊					K100
5.3.28	装卸漏斗 a. 漏口在中间的 b. 漏口在一侧的 c. 斗在墙上的 d. 斗在坑内的					K100
5.3.29	起重机 a. 固定的 b. 有轨道的					K100
5.3.30	滑槽(滑道) a. 依比例的 b. 不依比例的					K100

简要说明

5.3.23　在海边利用海水晒盐和在内陆挖凿盐池、盐坑提取卤水制盐的场所。

盐田内的沟渠、堤、田埂等地物按实地位置用相应符号表示。有名称的加注名称,无名称的加注"盐田"。内陆盐池、盐坑无堤或无沟的用地类界表示其范围,加注"盐田"二字。

5.3.24　烧制砖瓦、陶器、木炭、炭黑、水泥、石灰等产品的场所。

根据窑的建筑特征分别以相应的形式的符号表示,并应加注产品名称,如"砖""陶""炭"等,有专有名称的应加注专名,废窑加注"废"字。

窑场有房屋、烟囱等设施的用相应符号表示。

5.3.25 装置在室外的生产设备,如反应锅、化工的催化裂化装置、铂重整装置等。

单个露天设备表示轮廓线,并配置符号;毗邻成群的可用地类界表示范围,中间配置符号。有名称的加注名称。

5.3.26 工矿区用于输送货物、有固定支柱(架)的带式传送装备。

符号按真实方向表示,区分为架空的、地面上的、地面下的。传送带或数条传送带可依比例尺表示其范围,内注"传送带";架空的支柱按实际位置表示。矿区的其他设施以相应的符号表示。

5.3.27 工矿区、车站、码头等具有轨道的固定的起重设备(包括龙门吊和天吊)。

龙门吊指地面上有轨道的桥式起重设备,天吊指轨道架空的桥式起重设备。

轨道及两端柱架按实际位置表示,中间柱架一般不表示,吊车符号配置在轨道中间。

5.3.28 工矿区、车站等装卸矿物的固定设备。

漏口按实际位置表示,有支柱的只表示两端的支柱。1:2 000 地形图上只测外形,加注"漏斗"二字。

5.3.29 用于起吊重物的大型机械设备。

一般仅表示车站、码头、工厂等固定的起重机。有轨道的用实线按实地位置表示。

5.3.30 在山谷或山地斜坡上架设或凿挖的供滑行运输的槽子。

符号中的"凵"形缺口朝上坡方向,底线垂直于路线。当滑槽宽度在图上小于 2.0 mm 时,用符号 b 表示。

编号	符号名称	符号式样			符号细部图	多色图色值
		1:500	1:1 000	1:2 000		
5.3.31	地磅 a. 房屋、棚房内的 b. 雨罩下的 c. 露天的	a		1.0 0.5 b	c	0.2 1.2 3.6 1.4 1.6	K100
5.3.32	露天货栈 a. 有平台的 b. 无平台的		a 货栈 b 货栈			K100
5.3.33	饲养场、打谷场、贮草场、贮煤场、水泥预制场 牲、谷、砼预—场地	牲	谷	砼预		K100

续表

编　号	符号名称	符号式样			符号细部图	多色图色值
		1：500	1：1 000	1：2 000		
5.3.34	水产养殖场 　紫菜—产品名称	紫菜				C100
5.3.35	温室、大棚 　a. 依比例尺的 　b. 不依比例尺的 　　菜、花—植物 种类说明	a　菜 　菜 b　1.9　2.5　花				K100
5.3.36	粮仓(库) 　a. 依比例尺的 　b. 不依比例尺的 　c. 粮仓群 　　6—个数	a 0.5 b　2.0 c　6 6				K100
5.3.37	水磨房、水车	2.8			2.8　1.2 0.8	K100
5.3.38	风磨房、风车				2.6 3.6　60° 1.0	K100
5.3.39	药浴池				1.0 1.5　0.5 2.0	K100

简要说明

5.3.31 安置在地下、台面与路面齐平的称重设备。

设在房屋、棚房或雨罩内的分别以房屋和棚房符号表示,在其内配置地磅符号。设在露天的用地类界表示其范围,其内配置地磅符号。

5.3.32 露天堆放木材、钢材等物资的专用场地。

用水泥、石块砌有正规的高出地面的平台,用实线表示其轮廓线,加注"货栈";无平台的用地类界表示范围,加注"货栈"。周围如有围墙、栅栏的,用相应的符号表示。

5.3.33 较固定的分别用于饲养、打谷、贮草、贮煤等的场地以及水泥预制场等。

用相应的符号表示范围及内部建筑物及设施,并分别加注"牲""谷""草""煤""砼预"等。当球场和打谷场兼用时,以球场表示。临时性的不表示。饲养场也可根据需要加注饲养种类简注,如"牛""马""羊""猪""鸡"等。

5.3.34 基于海水环境中的动植物养殖场。

以地类界表示范围,内注水产品名称,如"紫菜""珍珠""海带"等。

5.3.35 有防寒、加温和透光等功能的,供种植蔬菜、瓜果、花卉等喜温植物的房屋或棚房。

依比例尺表示时,根据温室或大棚的大致走向,其配置不依比例尺符号的可垂直或平行于南图廓线表示;图上面积小于 8 mm 的用不依比例尺符号表示。温室、花房、塑料大棚等可加注植物种类说明,如"菜""果""花"等,临时性的塑料大棚不表示。

5.3.36 固定的储备粮食的建筑物。

依比例尺表示的用实线表示轮廓,其内配置符号。群体分布又不能逐个表示的,用相应的符号(如围墙、铁丝网)表示范围,其内配置符号,并加注粮仓个数。以房屋做粮库时,用房屋符号表示,并加注名称注记。

5.3.37 以流水为动力用以磨粮、抽水的固定装置。

符号表示在水车的位置上。当水磨房在图上大于水车符号尺寸时,以房屋符号表示,并配置符号。

5.3.38 以风力为动力,用以磨粮、抽水或发电的固定装置。

符号表示在风车的位置上。风力发电塔(杆)也用此符号表示,并加注"电"字。有专有名称的加注名称。

5.3.39 在草原地区专供牲畜涉过的消毒液池。

符号按真实方向表示。

编 号	符号名称	符号式样			符号细部图	多色图色值
		1:500	1:1 000	1:2 000		
5.3.40	积肥池 a. 依比例尺的 b. 不依比例尺的	a b 3.0		0.4		K100

续表

编　号	符号名称	符号式样			符号细部图	多色图色值
		1：500	1：1 000	1：2 000		
5.3.41	学校			2.5 文		K100
5.3.42	医疗点			2.8		C100Y100
5.3.43	体育馆、科技馆、博物馆、展览馆	砼 5科				K100
5.3.44	宾馆、饭店	砼5　H				K100
5.3.45	商场、超市	砼4　M				K100

续表

编　号	符号名称	符号式样			符号细部图	多色图色值
		1 : 500	1 : 1 000	1 : 2 000		
5.3.46	剧院、电影院	砼2			1.1 2.2 2.8 1.1	K100
5.3.47	露天体育场、网球场、运动场、球场 　a.有看台的 　　a1.主席台 　　a2.门洞 　b.无看台的					K100
5.3.48	露天舞台、观礼台					K100
5.3.49	游泳场(池)					C100
5.3.50	电视台	砼5　　ＴＶ 　　　3.6　ＴＶ			2.6　0.3 2.0　ＴＶ 1.3	K100

简要说明

5.3.40 用于积肥的池子,如粪池、沤池等。

氨气池、沼气池分别加注"氨""沼"字。

5.3.41 专指进行中、小学教育及职业教育的机构与场所,不包括大学。

1∶2 000 地形图上,当图内容纳不下名称注记时,可用符号代替名称注记,符号表示在主要建筑物上。

5.3.42 指提供简单医疗服务的场所,如医务室、医疗站、急救站等,不包括医院。

1∶2 000 地形图上当图内容纳不下名称注记时,可用符号代替名称注记。

5.3.43 可用作各种室内体育运动并备有体育设施的,或征集、保藏、陈列和研究代表自然和人类活动的实物,并为公众提供知识、教育和欣赏的,或专供举办各种展览活动的馆所。

各种综合性的体育馆、科技馆、博物馆、展览馆均用此符号表示,并注出名称。名称注记注不下时,应注出简注"体""科""博""展"等。

5.3.44 提供旅客居住餐饮的场所。

图上只表示三星级以上或县乡中规模较大的宾馆饭店,符号表示在主要建筑物上,五星级以上的宾馆饭店应加名称注记。

5.3.45 大型多部门的、实行顾客"自我服务"方式的零售商场。

符号表示在主要建筑物上。

5.3.46 供戏剧、歌舞、曲艺等演出和电影放映的场所。

符号表示在主要建筑物上。

5.3.47 各种无顶盖体育运动场所,分有看台和无看台两种。

有看台的其上下轮廓按实地位置表示,中间等分表示看台(1∶2 000 地形图上可不等分);跑道按其实际轮廓线表示。符号中的虚线表示出入口的位置。

大型体育场内的其他设施,如主席台、栏杆、照射灯、绿化带等用相应的符号表示。体育场有名称的应加注名称。

无看台的按跑道的实际位置表示并加注体育场。网球场、小型运动场、溜冰场、球场在其轮廓线内加注"网球""运动场""溜冰""球"字。

5.3.48 便于观众观看的高出地面的场所。

观礼台、检阅台加注"台"字。

5.3.49 固定的专供露天游泳的场所。

加注"泳"字。游泳场地的其他设施以相应符号表示。大型游泳池也可注出名称注记。

海(湖)边划定的游泳场用地类界表示范围,并加注名称或简注"泳"字。

5.3.50 编制和发送电视节目的场所。

符号表示在主要建筑物上。电视台应加注名称注记。

编　号	符号名称	符号式样			符号细部图	多色图色值
		1：500	1：1 000	1：2 000		
5.3.51	电信局	砼5				K100
5.3.52	邮局	砼5				K100
5.3.53	电视发射塔 23—塔高	23				K100
5.3.54	移动通信塔,微波传送塔、无线电杆 　a.在建筑物上 　b.依比例尺的 　c.不依比例尺的	a　砼5　通信　　b　　c				K100
5.3.55	电话亭					K100
5.3.56	厕所	厕				K100

续表

编　号	符号名称	符号式样			符号细部图	多色图色值
		1：500	1：1 000	1：2 000		
5.3.57	垃圾场	垃圾场				K100
5.3.58	垃圾台 　a.依比例尺的 　b.不依比例尺的	a　　　b			1.6 1.6 0.8	K100
5.3.59	坟地、公墓 　a.依比例尺的 　b.不依比例尺的	a　　b 1.6 ⊥				K100
5.3.60	独立大坟 　a.依比例尺的 　b.不依比例尺的	a　　b			4.0 1.4 2.0 2.7	K100

简要说明

5.3.51　办理电信业务的场所。

符号表示在主要建筑物上。

5.3.52　办理邮政业务的场所。

符号表示在主要建筑物上。

5.3.53　架设广播电视天线的塔形建筑物。

表示电视发射塔的轮廓线,并配置符号,加注塔高,有名称的加注名称。

5.3.54　发射或接收无线电、微波信号的天线杆、架、塔设备。

依比例尺表示时,钢架在地面上的位置用黑方块表示,中间配置符号,如符号 b。移动通信塔、微波传送塔应分别加注"通信""微波"等字。

杆式的以不依比例尺符号表示,符号表示在主杆位置上,拉线杆不表示,如符号 c 。

5.3.55　户外路旁及公共场所用 IC(或 IP)拨打电话的公共设施。

5.3.56　独立的、完整的、固定的及有方位意义的厕所。

房屋符号加注"厕"字。简陋的不表示。

5.3.57　固定的集中进行清理或堆放、填埋垃圾的场所。

用相应的符号表示范围及内部建筑物及设施,并加注名称注记,无名称的加注"垃圾场"。

5.3.58　城镇中固定的公共垃圾台。

依比例尺表示时,用实线表示轮廓线,其内配置符号。

5.3.59　坟地指山坡、村庄外的坟墓比较集中的坟墓占地。公墓指具有一定规模的经营性质的公共墓地。

用地类界表示其范围,在其范围内适当表示坟地符号。公墓内有建筑物及其他设施的用相应符号表示,并加注名称,其他民族的埋葬地也用此符号表示,并加注相应的标志。形体较小的单个坟,按实地位置用符号 b 表示。

5.3.60　有明显方位意义、形体比较高大的独立坟墓。

较大的陵墓应表示其范围线,加绘等高线,有建筑物及名称的需表示相应的符号和名称。

编　号	符号名称	符号式样			符号细部图	多色图色值
		1∶500	1∶1 000	1∶2 000		
5.3.61	古迹、遗址 　　a.古迹 　　b.遗址	a 混 ⚲	b 秦阿房宫遗址 ⚲		3.2　1.6	K100
5.3.62	烽火台 5.0—比高	5.0 烽				K100
5.3.63	旧碉堡、旧地堡 　　a.依比例尺的 　　b.不依比例尺的	a	b 2.0 ⊡ 0.6 2.0			K100
5.3.64	碑、柱、墩				0.5 3.0 1.0	K100

编　号	符号名称	符号式样			符号细部图	多色图色值
		1∶500	1∶1 000	1∶2 000		
5.3.65	纪念碑、北回归线标志塔 　a.依比例尺的 　b.不依比例尺的	a		b	1.2 3.2 1.2 2.0	K100
5.3.66	彩门、牌坊、牌楼 　a.依比例尺的 　b.不依比例尺的	a		b	2.5　1.3 1.9	K100
5.3.67	钟楼、鼓楼、城楼、古关塞 　a.依比例尺的 　b.不依比例尺的	a	b 2.4		2.4 1.3　2.4 1.3	K100
5.3.68	亭 　a.依比例尺的 　b.不依比例尺的	a		b 2.4 2.0　1.0	2.4 1.3　2.4 1.3	K100
5.3.69	文物碑石 　a.依比例尺的 　b.不依比例尺的	a	b 2.6 1.2		1.2	K100

续表

编　号	符号名称	符号式样			符号细部图	多色图色值
		1:500	1:1 000	1:2 000		
5.3.70	旗杆		1.6 1.0 4.0　1.0			K100
5.3.71	塑像、雕塑 a.依比例尺的 b.不依比例尺的	a	b 3.1 1.9		0.4 1.1 1.4 0.6 1.1	K100
5.3.72	庙宇	混			0.4 1.2 3.2 1.6 1.6 2.4	K100

简要说明

5.3.61　古代各种建筑物和残留地。

有房屋建筑的用实线表示轮廓,有名称的加注名称,如"唐华清池";范围比较大的古遗址用地类界表示,其内配置符号,并加注遗址名称,如"秦阿房宫遗址"。

5.3.62　古代用烟火传递信号的高台。

烽火台地面轮廓线实测表示,加注"烽"字,并应加注比高。

5.3.63　近代战争中留下的,用砖、石、水泥等砌成的近似封闭的矮柱状建筑,四周留有射击孔,通常部分埋在地下的防御工事。

依比例尺表示时,以实线表示轮廓,其内配置符号。

5.3.64　各种独立的碑、柱、墩和其他类似物体。

5.3.65　比较高大、有纪念意义的碑和其他类似物体。

有名称的加注名称,如"人民英雄纪念碑"。北回归线标志塔是在北回归线上建造的标志性塔形构筑物,也用此符号表示,并加注"北"字。

依比例尺表示时,以实线表示轮廓,其内配置符号。

5.3.66　起装饰作用或具有纪念意义的单门或多门的框架式建筑物。

　　图上按真实方向表示。依比例尺表示的其两端的支柱按实地位置表示,中间支柱不表示,只配置符号。

　　5.3.67　钟楼、鼓楼是放置大钟(鼓)的古式楼宇;城楼是建造在城门上供远望用的楼宇;古关塞是古时的关口要塞。

　　钟楼、鼓楼、城楼、古关塞能依比例尺表示时,以实线表示轮廓,其内配置符号。有专名的要加注名称。

　　5.3.68　花园、公园或娱乐场所中,供游乐、休息或装饰性的,有顶无墙的建筑物。

　　各种形式的亭状建筑物均用此符号表示。依比例尺表示时,以实线表示底座轮廓,或以虚线表示亭顶的轮廓,其内配置不依比例尺符号。

　　5.3.69　大型的、具有保护价值的各种碑石及其他类似物体。

　　依比例尺表示时,以实线表示轮廓,其内配置不依比例尺符号。

　　5.3.70　有固定基座的高大旗杆。

　　5.3.71　具有纪念意义或为美化环境而修建的大型艺术性的雕塑或造型及古代遗留下来的石雕等类似物体。

　　依比例尺表示的以实线表示轮廓,其内配置符号。

　　5.3.72　佛教、道教活动的寺、庙、庵、洞、宫、观以及孔庙、神庙等宗教建筑物。

　　依比例尺表示的以实线表示轮廓,符号表示在大殿位置上。有名称的加注名称。

编　号	符号名称	符号式样			符号细部图	多色图色值
		1：500	1：1 000	1：2 000		
5.3.73	清真寺	混			$R0.7$ 0.3 1.6 1.6	K100
5.3.74	教堂	混			1.6 1.6	K100

续表

编号	符号名称	符号式样			符号细部图	多色图色值
		1:500	1:1 000	1:2 000		
5.3.75	宝塔、经塔、纪念塔 　a.依比例尺的 　b.不依比例尺的	a	b 3.6 1.2		1.1 1.1	K100
5.3.76	敖包、经堆、玛尼堆 　a.依比例尺的 　b.不依比例尺的	a	b		1.2 3.2　1.0 1.6	K100
5.3.77	土地庙 　a.依比例尺的 　b.不依比例尺的	a	b		1.3　2.5 1.6	K100
5.3.78	气象台(站)	3.6　3.0　1.0			45° 90°　0.6 1.2	K100
5.3.79	水文站 　位—测站类型	位			2.6　1.0	K100

续表

编　号	符号名称	符号式样			符号细部图	多色图色值
		1：500	1：1 000	1：2 000		
5.3.80	地震台	砼　　⊙			0.8　3.0　60°	K100
5.3.81	天文台	砼　　⩇			60°　3.0　2.0　2.5　R1.5	K100
5.3.82	环抱监测站 　　a.监测点 　　　噪声——测 站(点)类型	砼5　⊥噪声　　a ⊥噪声			2.8　1.5　3.8　1.6	K100

5.3.73　伊斯兰教举行宗教仪式及礼拜的场所,屋顶上一般设有月牙标志。

依比例尺表示的其房屋用实线表示,符号表示在主要建筑物上。著名的加注名称。

5.3.74　基督教举行宗教仪式及礼拜的场所。

依比例尺表示的其房屋用实线表示,符号表示在屋顶十字架的位置上。著名的加注名称。

5.3.75　宗教或纪念性塔形建筑物。

依比例尺表示的用实线表示轮廓,其内配置符号。有名称的加注名称。

5.3.76　少数民族地区简易的进行宗教活动的场所。

用地类界表示其范围,其内配置符号。有名称的加注名称。

5.3.77　有偶像或牌位的各种独立小庙。

依比例尺表示的用实线表示轮廓,其内配置符号。

5.3.78　进行气象观察的场所。

符号表示在实地风向标中心位置上,其他房屋、围墙等设施按相应符号表示。海边的台风警报站及风向标也用此符号表示。有名称的加注名称。

5.3.79　测验河、湖、水库及沿海海域水位、流速、流量及含沙量等水文数据的场所。

　　其符号表示在水尺或水位井位置上,有名称的加注名称,无名称的注"水文"。水位站、流量站、验潮站分别加注"位""量""验"字。其基点经等级水准联测的,符号改用以水准点符号加分式注记表示;用其他方法测定高程的,用特殊高程点符号加分式注记,如(水文/78.3)表示。

　　5.3.80　进行监测和处理地震信息的场所。

　　用相应符号表示内部地物,并加注名称;当图内容纳不下说明注记时,可用符号代替说明注记,符号表示在观测台(站)上。

　　5.3.81　进行天文观测的场所。

　　用相应符号表示内部地物,并加注名称;当图内容纳不下说明注记时,可用符号代替说明注记,符号表示在观测台(站)上。

　　5.3.82　进行环境污染监测、环境保护的监测站,包括对地表水、大气、酸雨、噪声、土壤、放射性等项的监测。

　　凡地表有固定点位,且有监测设施的监测点用符号 a 表示,并加注相应的简注,如"大气""酸雨""噪声"等字。

编　号	符号名称	符号式样			符号细部图	多色图色值
		1:500	1:1 000	1:2 000		
5.3.83	卫星地面站	砖				K100
5.3.84	科学实验站	砖				K100
5.3.85	长城、砖石城墙 a. 完整的 　a1. 城门 　a2. 城楼 　a3. 台阶 b. 损坏的 　b1. 豁口					K100

编　号	符号名称	符号式样			符号细部图	多色图色值
		1：500	1：1 000	1：2 000		
5.3.86	土城墙 a.城门 b.豁口 c.损坏的					K100
5.3.87	围墙 a.依比例尺的 b.不依比例尺的					K100
5.3.88	栅栏、栏杆					K100
5.3.89	篱笆					K100
5.3.90	活树篱笆					K100
5.3.91	铁丝网、电网					K100

简要说明

5.3.83　地面跟踪卫星轨道或接收卫星发回数据的测站设施。

用相应的符号表示内部地物,卫星地面站符号表示在主要建筑物上。

其他接收无线电信号的抛物面天线,如雷达、射电望远镜等也用此符号表示,并分别加注"雷达""射电"等字。

5.3.84　进行各种科学试验的场所。

用相应的符号表示内部地物,并加注专有名称注记。当图内容纳不下名称注记时,可用符号代替名称注记,符号表示在主要建筑物上。

5.3.85　古时遗留下来的,用于防卫的绵亘数百米或数千米的高大城垣。

按城基轮廓依比例尺表示,并在外侧轮廓线上向里表示城垛符号。城门、城楼按实地位置表示。城墙上的其他地物用相应符号表示。

城墙、长城应加注比高。

5.3.86　古代建筑在城市四周作防守用的土墙。

按墙基轮廓依比例尺表示,并在外侧轮廓线上向里表示黑块符号。城门符号顶部朝向城外方向。

5.3.87　用土或砖、石砌成的起封闭阻隔作用的墙体。

土墙、砖石墙、土围、垒石围等不分结构性质均用此符号表示。在图上宽度大于0.6 mm

时,用依比例尺符号表示;小于 0.6 mm 时,用不依比例尺符号表示,其符号的黑块一般朝向院内。如墙上有电网的加注"电"字。围墙与街道边线重合或间距在图上小于 0.3 mm 时,只表示围墙符号。

5.3.88　有支柱或基座的,用铁、木、砖、石、混凝土等材料制成的起封闭阻隔作用的障碍物。

符号上的短线一般向里表示。垣栅与街道边线重合时,只表示垣栅符号。

5.3.89　用竹、木等材料编织成的较长时间保留的起封闭阻隔作用的障碍物。

篱笆与街道边线重合时,只表示篱笆符号。

5.3.90　由灌木、荆棘等活树形成规整的起封闭阻隔作用的障碍物。

篱笆与街道边线重合时,只表示篱笆符号。

5.3.91　由铁丝组成的起封闭阻隔作用的障碍物。

临时性的不表示。通电的铁丝网加注"电"字。铁丝网与街道边线重合时,只表示铁丝网符号。

编　号	符号名称	符号式样			符号细部图	多色图色值
		1：500	1：1 000	1：2 000		
5.3.92	地类界					与所表示的地物颜色一致
5.3.93	地下建筑物出入口 　a.地铁站出入口 　　a1.依比例尺的 　　a2.不依比例尺的 　b.建筑物出入口 　　b1.出入口标志 　　b2.敞开式的 　　　b2.1 有台阶的 　　　b2.2 无台阶的 　　b3.有雨棚的 　　b4.屋式的 　　b5.不依比例尺的				a2 1.8　D　3.0 0.2 1.4 b1 2.5 1.8 1.2	K100
5.3.94	地下建筑物通风口 　a.地下室的天窗 　b.其他通风口				1.4 4.2	K100

编　号	符号名称	符号式样			符号细部图	多色图色值
		1∶500	1∶1 000	1∶2 000		
5.3.95	柱廊 　a.无墙壁的 　b.一边有墙壁的					K100
5.3.96	门顶、雨罩 　a.门顶 　b.雨罩					K100
5.3.97	阳台					K100
5.3.98	檐廊、挑廊 　a.檐廊 　b.挑廊					K100
5.3.99	悬空通廊					K100
5.3.100	门洞、下跨道					K100

简要说明

5.3.92　各类用地界线和各种地物分布的范围界线。

当地类界与地面上有形的线状符号(如道路、陡崖、河流等)重合时,可省略不表示,但与地面无形的线状符号(如境界、通信线、电力线等)重合时,地类界需移位;与等高线重合,可压盖等高线。地类界一般应与所表示的地物颜色一致。

5.3.93 地下通道、地铁、防空洞、地下停车场等地下建筑物在地表的出入口。

a. 地铁站出入口按轮廓线依比例尺表示，其内配置符号；小于符号尺寸时用符号 a2 表示。地铁站出入口处应加注站名。

b. 其他建筑物出入口按轮廓线依比例尺表示，其内配置标志符号；小于符号尺寸时用符号 b5 表示。标志符号的尖端表示入口方向。

废弃的防空洞出入口不表示。

5.3.94 地下房屋、防空洞、地下停车场及地道等地面下建筑物的通风口。

地面有房屋式建筑物时，用相应建筑物符号表示，在天窗位置上配置符号；其他地下建筑物的通风口按实地位置表示符号。

5.3.95 由支柱和顶盖组成，供人通行的走廊，如长廊、回廊等。

按顶盖在地面的投影表示，支柱按实地位置表示。

图上宽度小于 1.5 mm 的按 1.5 mm 表示。

5.3.96 大门的顶盖。

按顶盖投影线表示。支柱实测表示。雨罩加注"雨"字。

1∶2 000 地形图上可不表示雨罩。

5.3.97 伸出楼房墙外的悬挂部分。

按外轮廓投影表示。1∶2 000 地形图上可不表示阳台。

5.3.98 檐廊指有顶盖而无支柱，下面可供人通行的通道部位。挑廊指挑出房屋墙体外、有外围护物、无支柱的架空通道。

按外轮廓投影表示。

5.3.99 建筑物间的架空通道。

过街楼、山城房屋通道也用此符号表示。

5.3.100 建筑物下的通道。

编　号	符号名称	符号式样			符号细部图	多色图色值
		1∶500	1∶1 000	1∶2 000		
5.3.101	台阶					K100
5.3.102	室外楼梯 a. 上楼方向					K100

续表

编　号	符号名称	符号式样			符号细部图	多色图色值
		1 : 500	1 : 1 000	1 : 2 000		
5.3.103	院门 　　a. 围墙门 　　b. 有门房的					K100
5.3.104	门墩 　　a. 依比例尺的 　　b. 不依比例尺 的					K100
5.3.105	支柱、墩、钢架 　　a. 依比例尺的 　　b. 不依比例尺 的					K100
5.3.106	路灯					K100
5.3.107	照射灯 　　a. 杆式 　　b. 桥式 　　c. 塔式					K100
5.3.108	岗亭、岗楼 　　a. 依比例尺的 　　b. 不依比例尺 的					K100

续表

编　号	符号名称	符号式样			符号细部图	多色图色值
		1：500	1：1 000	1：2 000		
5.3.109	宣传橱窗、广告牌 　a. 双柱或多柱的 　b. 单柱的	a 1.0　2.0 b　3.0			3.0 1.0　2.0 1.0	K100
5.3.110	喷水池				R0.6　1.2 0.6 0.5　1.0 0.5　1.0 1.0	K100 面色 C10

简要说明

5.3.101　砖、石、水泥砌成的阶梯式构筑物。

房屋、河岸边、码头及大型桥梁等地的台阶均用此符号表示,图上不足三级台阶的不表示。

5.3.102　依附楼房外墙的非封闭楼梯。

楼梯宽度在图上小于 1.0 mm 的不表示。螺旋式室外楼梯按其投影线表示,支柱不表示。

5.3.103　单位和居民院落没有门墩的大门。

按实地位置表示。

5.3.104　各种供铁门、木门竖立的墩柱。

图上边长大于 1.0 mm 的依比例尺表示,小于 1.0 mm 的按 1.0 mm 表示。

5.3.105　支撑各种建筑物、构筑物的水泥柱、钢架、石墩等支撑体。

各种建筑物、构筑物的支柱、墩、钢架不分建筑材料均按其外形表示。

图上能依比例尺表示的按其轮廓线表示;当被支撑物的轮廓用虚线表示时,支柱、墩、钢架用实线表示,如符号 a1;如被支撑物的轮廓用实线表示时,支柱、墩、钢架用虚线表示,如符号 a2。

图上不能依比例尺表示的按其外形选择相似的符号表示;如被支撑物轮廓用实线表示时,各种形状的支柱、墩、钢架均用黑方块符号 b2 表示。

5.3.106　安装在道路或广场等处提供照明的柱式灯具。

5.3.107　采用聚光光束的方式提供照明的灯具。

当塔式照射灯支柱底部宽在图上小于 2 mm 时,均用 2 mm 表示。

5.3.108　用于值岗警卫的亭楼。

固定的交通岗亭、警卫亭、警卫楼均用此符号表示。岗楼投影面积在图上大于符号尺寸时,用实线表示轮廓,其内配置符号。

5.3.109　独立、固定的宣传橱窗与广告牌。

图上按真实方向表示。砖墙银幕也用此符号表示。

5.3.110　公园及公共场所设置的专门供喷水的地方。

用实线表示水池轮廓,其符号表示在主要喷头处。

编　号	符号名称	符号式样			符号细部图	多色图色值
		1 : 500	1 : 1 000	1 : 2 000		
5.3.111	假石山					K100
5.3.112	避雷针					K100

简要说明

5.3.111　在公共场所建造的一种山状装饰性设施。

用地类界表示实际范围,其内配置符号。

5.3.112　独立的、保护室外设备免受雷击的装置。

建筑物上的避雷针不表示。

编　号	符号名称	符号式样			符号细部图	多色图色值
		1 : 500	1 : 1 000	1 : 2 000		
5.4	交通					
5.4.1	标准轨铁路 　a. 一般的 　b. 电气化的 　b1. 电杆 　c. 建筑中的					K100

续表

编　号	符号名称	符号式样			符号细部图	多色图色值
		1:500	1:1 000	1:2 000		
5.4.2	窄轨铁路					K100
5.4.3	火车站及附属设施 a.站台 　a1.有雨棚的 　　a1.1 雨棚支柱 　a2.露天的 b.地道 c.天桥 　c1.封闭的 　c2.露天的 d.信号灯、柱 　d1.矮柱 　d2.高柱 e.臂板信号灯 f.水鹤 g.机车转盘 h.车挡					K300

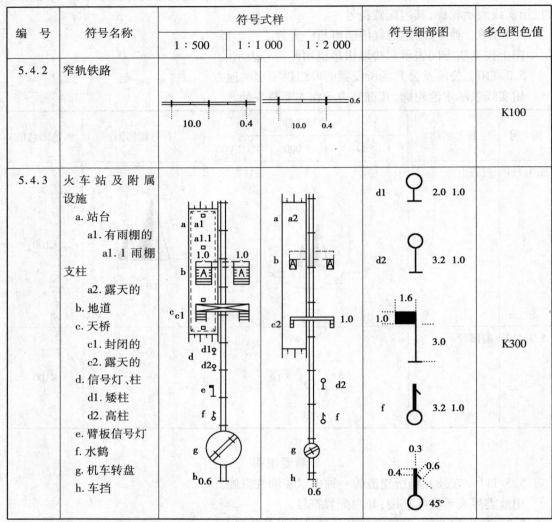

5.4 交　通

陆运、水运、海运及相关设施的总称。

5.4.1　轨距为 1.435 m 的铁路线路。

a.1:500,1:1 000 地形图上按轨距以双线依比例尺表示,1:2 000 地形图上用不依比例尺符号表示。

b.以电气机车为牵引动力的标准铁路。符号中圆圈表示电杆、铁塔,图上不分电杆形状按实地位置表示。

c.正在修建中的、其路基已基本形成的铁路线路。其附属建筑物,已定型的用相应符号表示,未定型的不表示。

5.4.2　轨距窄于标准轨的铁路。

临时性的不表示。

5.4.3　火车站是铁路上指挥调度车辆和人员、货物集散的场所。

车站应注记名称。会让站有名称的也应注记。

车站内的候车室、检车室、巡道房、机车库等均按实际情况以房屋符号加注名称表示。

a.站台和货台不分建筑材料,按有雨棚的和露天的符号表示,站台和货台上的房屋仍应表示。

b.地道是车站内横贯铁路的地下通道。地道出入口表示方法同地下建筑物出入口。

c.天桥是车站内横跨轨道供人行走的桥梁。图上按真实方向表示,天桥宽度在图上大于 1 mm 时依比例尺表示。

d.信号灯、柱是铁路上用灯光指示火车能否通行的设备。1∶2 000 地形图上只表示高柱信号灯、柱。

e.臂板信号灯是铁路上用臂板的活动为信号指示火车能否通行的设备。1∶2 000 地形图上不表示。

f.水鹤是供机车注水的设备。油鹤也用此符号表示,并加注"油"字。

g.机车转盘是供机车转换方向的设备。

h.车挡是铁路支线尽头的挡车设备。

编　号	符号名称	符号式样			符号细部图	多色图色值
		1∶500	1∶1 000	1∶2 000		
5.4.4	高速公路 a.临时停车点 b.隔离带 c.建筑中的					K100
5.4.5	国道 a.一级公路 　a1.隔离设施 　a2.隔离带 b.二至四级公路 c.建筑中的 　①、②—技术等级代码(G305)、(G301)—国道代码及编号					M100Y100

续表

编 号	符号名称	符号式样			符号细部图	多色图色值
		1:500	1:1 000	1:2 000		
5.4.6	省道 　　a.一级公路 　　a1.隔离设施 　　a2.隔离带 　　b.二至四级公路 　　c.建筑中的 ①、②—技术等级代码（S305）、（S301）—省道代码及编号	a ① —(S305)← 0.3 a1 a2 b ②(S301) c 15.0 2.0				M80
5.4.7	专用公路 　　a.有路肩的 　　b.无路肩的 　　　　②—技术等级代码 　　（Z301）—专用公路代码及编号 　　c.建筑中的	a ②(Z301) b ②(Z301) c 2.0 10.0				C100Y100

简要说明

5.4.4—5.4.8　公路按其行政等级分别用相应的国道、省道、县道、乡道及其他公路、专用公路符号表示。高速公路作为特殊公路单独列出。

高速公路指具有中央分隔带、多车道、立体交叉、出入口受控的专供汽车高速度行驶公路；国道指具有全国性的政治、经济、国防意义，并确定为国家级干线的公路；省道指具有全省政治、经济意义，连接省内中心城市和主要经济区的公路，以及不属于国道的省际间的重要公路；专用公路指专供特定用途服务的公路；县道、乡道及其他公路指连接县城和县内乡镇的，或国道、省道以外的县际、乡镇际的，由县、乡财政投资、管理的公路。

图上应每隔15~20 cm注出公路技术等级代码及其行政等级代码及编号，有名称的加注名称。

公路技术等级代码及行政等级代码见表5.1、表5.2。

表5.1　公路技术等级所对应的代码

公路技术等级	代 码
高级公路	0
一级公路	1
二级公路	2
三级公路	3
四等公路	4
等外公路	9

表5.2　公路行政等级所对应的代码

公路行政等级	代 码
国道、国道主干线	G、GZ
省道	S
县道	X
乡道	Y
专用公路	Z
其他公路	Q

　　高速公路、一级公路的隔离设施（如隔离墩）根据需要表示，隔离带图上宽度小于1.0 mm时用0.3 mm实线表示，栅栏、排水沟、绿化带、铁丝网等以相应符号表示。

　　各级公路应表示行车道（图上两粗线之间）宽度、路肩（图上相邻细线与粗线之间）宽度。路肩宽度图上大于1 mm时依比例尺表示，小于1 mm时用1 mm表示。

　　建筑中的各级公路指已定型正在施工的公路。

编　号	符号名称	符号式样			符号细部图	多色图色值
		1 : 500	1 : 1 000	1 : 2 000		
5.4.8	县道、乡道及其他公路 　a.有路肩的 　b.无路肩的 　　⑨—技术等级代码 　　（X301）—县道代码及编号 　c.建筑中的					M30Y100
5.4.9	地铁 　a.地面下的 　b.地面上的					M100
5.4.10	磁浮铁轨、轻轨线路 　a.轻轨站标识					M100
5.4.11	电车轨道 　a.电杆杆位					K100
5.4.12	快速路					K100
5.4.13	高架路 　a.高架快速路 　b.快速路 　c.引道					K100
5.4.14	街道 　a.主干路 　b.次干路 　c.支路					K100

续表

编　号	符号名称	符号式样			符号细部图	多色图色值
		1 : 500	1 : 1 000	1 : 2 000		
5.4.15	内部道路			1.0 1.0		K100

简要说明

5.4.9　城市中铺设在地下隧道中高速、大运量的轨道客运线路,个别地段由地下连接到地面的线路也视为地铁。

5.4.10　均为封闭运行的快速轨道交通。

磁浮铁轨是专供采用磁浮原理的高速列车运行的铁路;轻轨指城市中修建的大运量的轨道交通客运线路。均用此符号表示,磁浮铁轨加"磁浮"简注。轻轨(或磁浮)列车停靠及乘客上下车的场所(轻轨站)用相应地物符号表示,轻轨站标志配置在主体建筑物上,并加注专有名称注记。

5.4.11　有导轨的电车道。

电杆杆位按实际位置表示。

5.4.12　城市道路中设有中央分隔带,具有四条以上车道,全部或部分采用立体交叉与控制出入,供车辆以较高速度行驶的道路。

按实地路宽依比例尺表示。

5.4.13　城市中架空的供汽车行驶的道路。

路面宽度依比例尺表示。连接高架路和地面道路的引道其两侧有斜坡的按路堤表示。支柱实测表示。

5.4.14　街道指街区中比较宽阔的通道。街道按其路面宽度、通行情况等综合指标区分为主干路、次干路和支路。

主干路指城市道路网中路面较宽、交通流量大、起骨架作用的通道。主干路边线用0.35 mm的线粗、按实地路宽依比例尺表示。

次干路指城市道路网中的区域性干道,交通流量较大,与主干路相连接构成完整的城市干道系统。次干道边线用0.25 mm的线粗、按实地路宽依比例尺表示。

支路指城市中联系主、次干道或供区域内部使用的街道、巷、胡同等。支路边线用0.15 mm的线粗、按实地路宽依比例尺表示。

当街区中的街道边线与房屋或垣栅轮廓线的间距在图上小于0.3 mm时,街道边线可省略。

5.4.15　公园、工矿、机关、学校、居民小区等内部有铺装材料的道路。

宽度在图上大于1 mm的,依比例尺表示,小于1 mm的择要表示。

编　号	符号名称	符号式样			符号细部图	多色图色值
		1：500	1：1 000	1：2 000		
5.4.16	阶梯路			1.0		K100
5.4.17	机耕路（大路）	8.0	2.0	0.2		K100
5.4.18	乡村路 　a. 依比列尺的 　b. 不依比例尺的	a　4.0　　1.0　0.2 b　8.0　　2.0　0.3				K100
5.4.19	小路、栈道	4.0　　1.0　0.3				K100
5.4.20	长途汽车站（场）	3.0 ⊗ ∷0.8				K100
5.4.21	汽车停车站	2.0 3.0 □ 1.0 1.0				K100
5.4.22	加油站、加气站 油—加油站	油			1.6 3.6 1.0	K100
5.4.23	停车	3.3 Ⓟ			1.4 0.4 1.1 1.4 0.4 0.25 0.9	K100
5.4.24	街道信号灯 　a. 车道信号灯 　b. 人行横道信号灯	1.3 a　1.0 1.6	3.6 b 1.6			K100
5.4.25	收费站、服务区 　a. 依比列尺的收费站 　b. 服务区 　c. 半依比例尺的收费站	b 砖 费 a b 砖 费 c 2.5				K100

简要说明

5.4.16　用水泥和砖、石砌成阶梯式的人行路。

图上宽度小于 1 mm 时用小路符号表示。

5.4.17　路面经过简易铺修,但没有路基,一般能通行拖拉机、大车等的道路,某些地区也可通行汽车。

机耕路的宽度依比例尺表示;若实地宽窄不一且变化频繁时,可取中等宽度表示为平行线。一般虚线绘在光辉部,实线绘在阴影部。

5.4.18　不能通行大车、拖拉机的道路。路面不宽,有的地区用石块或石板铺成。

山地、谷地、森林地区以及沙漠、半沙漠等荒僻地区的驮运路也用乡村路符号表示。

图上宽度小于 0.7 mm 时用不依比例尺符号表示。

一般虚线绘在光辉部,实线绘在阴影部。

5.4.19　供单人单骑行走的道路。

人行栈道指开凿于悬崖绝壁,用固定支架而架设的悬空小道,也用此符号表示,并加注"栈道"。

5.4.20　乡镇以上的供长途旅客上、下车的场所。

符号配置在主要建筑物或候车大厅位置上。汽车站应加注车站名称。

5.4.21　城市以外无房屋建筑的客车车站。

5.4.22　机动车辆添加动力能源的场所。

用房屋(或棚房)符号表示,并配置加油(气)站符号;符号配置在数个加油(气)柜分布范围的中心上。

加气站应加注"气"字,既是加油站又是加气站的应加注"油气"。

5.4.23　有人值守的,用来停放各种机动车辆的场所。

露天停车场用地类界符号表示车场范围,其内配置符号;面积小于 25 mm^2 的不表示。楼房及地下停车场不表示,只表示其地下出入口。

5.4.24　控制车辆或行人通行的灯光信号设备。

5.4.25　设置在公路上或桥头,向过往车辆收取通行费用的场所。

收费站的房屋建筑、雨棚等地物用相应的符号表示,有专名的加注名称,无专名的加简注"费"字。

编　号	符号名称	符号式样			符号细部图	多色图色值
		1:500	1:1 000	1:2 000		
5.4.26	车行桥 a. 单层桥 b. 并行桥 c. 有人行道的 d. 有输水槽的 e. 双层桥 f. 引桥 　8—载重吨数 钢—建筑材料	a 钢8 b 钢8 c 钢 d 钢 e f				K100

续表

编　号	符号名称	符号式样			符号细部图	多色图色值
		1：500	1：1 000	1：2 000		
5.4.27	漫水桥、浮桥 漫—漫水桥	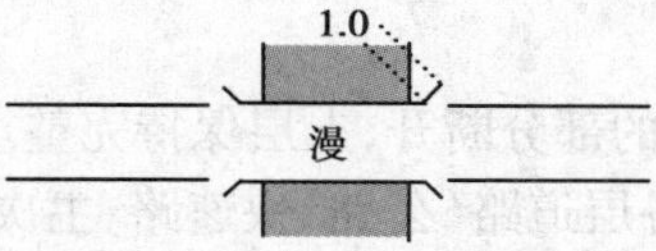				K100
5.4.28	立交桥、匝道 　a. 匝道	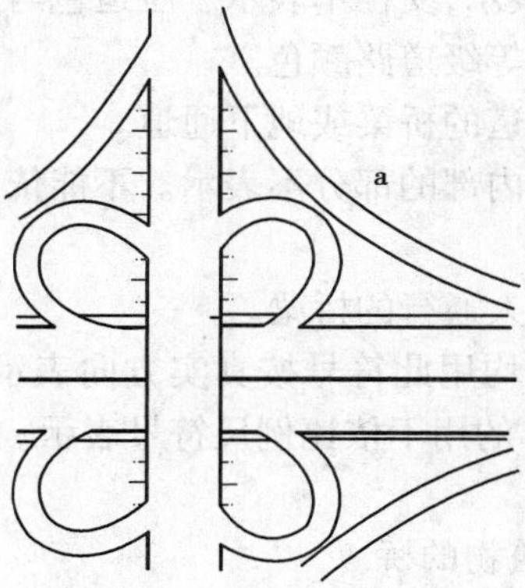				K100
5.4.29	过街天桥、地下通 道 　a. 天桥 　b. 地道	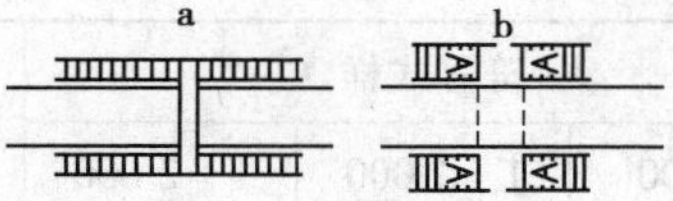				K100
5.4.30	人行桥、时令桥 　a. 依比例尺的 　b. 不依比例尺的 　（12—2）—通 　行月份	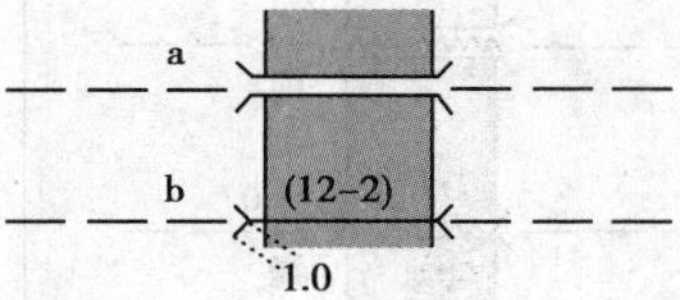				K100
5.4.31	亭桥、廊桥	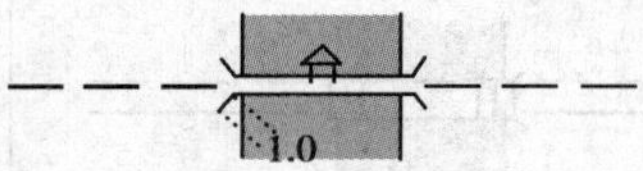				K100

简要说明

5.4.26　跨越水面、沟壑或道路等,供车辆通行的架空通道,分单层桥、铁路公路两用的双层桥和铁路公路并行的桥梁。

桥梁应加注建筑材料,如"钢""砼""石""木"等字,四级以上公路的桥梁应加注载重吨数。引桥、桥墩应表示,但在1：2 000地形图上可不表示桥墩。

引桥指连接双层桥和路堤的架空部分。引桥分铁路引桥和公路引桥,引桥和连接引桥的铁路、公路按实地情况用相应的符号表示。

5.4.27 漫水桥指桥面建在洪水位之下,洪水位时洪水漫过桥面的桥。浮桥指由船、筏、浮箱等作为桥墩或桥身的桥,必要时桥的一部分可以开启,以便上下游船只通过。

能通行车辆的漫水桥、浮桥等用此符号表示,并分别加"漫""浮"等简注。

5.4.28 道路与道路在不同高程上的空间立体交叉,上下各层道路之间由匝道互相连通的桥梁。

按投影原则,下层被上层遮盖的部分断开,上层保持完整。

匝道指互通式立体交叉上下各层道路(公路、快速路、主次干道)之间供转弯车辆行驶的连接道。匝道两侧的斜坡按路堤表示,支柱不表示。匝道色与所相连接的道路颜色一致;当连接不同等级道路时,匝道色取低等级道路颜色。

5.4.29 供行人跨(穿)越街道的桥梁或地下通道。

一般按其投影表示,伸入房屋内部的部分不表示。不能依比例尺表示时,按其形状相近的符号表示。

5.4.30 不能通行车辆,仅供人通行的桥梁。

图上不分造型种类、建筑材料均用此符号按真实方向表示。桥梁符号的长度略大于河流宽度。桥宽度在图上小于 1 mm 的用不依比例尺符号表示。时令桥也用此符号表示,并加注通行月份。

5.4.31 桥面有亭或类似建筑物的桥。

亭的符号表示在相应位置上。

编　号	符号名称	符号式样			符号细部图	多色图色值
		1:500	1:1 000	1:2 000		
5.4.32	铁索桥、溜索桥、缆桥、藤桥、绳桥 　a.依比例尺的 　b.不依比例尺的 　绳—种类说明					K100
5.4.33	级面桥、人行拱桥 　a.依比例尺的 　b.不依比例尺的					K100
5.4.34	栈桥					K100
5.4.35	隧道 　a.依比例尺的出入口 　b.不依比例尺的出入口					K100

续表

编　号	符号名称	符号式样			符号细部图	多色图色值
		1 : 500	1 : 1 000	1 : 2 000		
5.4.36	明峒					K100
5.4.37	铁路平交道口 　a. 有栏木的 　b. 无栏木的					K100
5.4.38	路堑 　a. 已加固的 　b. 未加固的					K100
5.4.39	路堤 　a. 以加固的 　b. 未加固的					K100
5.4.40	公路零公里标志 　a. 中国零公里标 　　志 　b. 省市零公里标 　　志					K100
5.4.41	路标					K100
5.4.42	里程碑、坡度标 　a. 里程碑 　　25—公里数 　b. 坡度标					K100

简要说明

5.4.32　铁索桥指在河流的陡岸上,固定数条平行的铁索于两边山崖,上铺木板供行人和非机动车辆通行的桥梁;溜索桥指在河流的陡岸上,用绳索倾斜地固定在两边山崖,绳上挂篮子,人在篮中滑溜而过的桥;缆桥、藤桥、绳桥指在河流的陡岸上,用铁绳、竹缆或藤缆上下两条地固定在两边山崖供单人攀踏而过的桥。

溜索桥、绳桥、缆桥、藤桥加注"溜索""绳""缆""藤"等简注。

5.4.33　两端砌有台阶的桥梁。

桥宽度在图上小于 1 mm 的用不依比例尺符号表示。不能通行车辆的拱桥也用此符号表示。

5.4.34　在海边、湖边、水库等处伸入水域的架空桥梁。

栈桥端的地物用相应符号表示。图上宽度大于 0.8 mm 的依比例尺表示。

5.4.35　建造在山岭、河流、海峡及城市等地面下的通道。分火车隧道和汽车隧道。

隧道出入口宽度图上小于 2 mm 时可用符号 b 表示。

5.4.36　为避免塌方、流石等破坏,在铁路或公路上方修筑的隧道式建筑。

5.4.37　铁路与其他道路平面相交的路口。

符号中的黑点表示栏木端点支柱的位置。

5.4.38　人工开挖的低于地面的路段。

比高在 1 m 以上才表示,比高大于 2 m 的应标注比高。

5.4.39　人工修筑的高于地面的路段。

比高在 1 m 以上才表示,比高大于 2 m 的应标注比高。堤坡的投影宽度在图上大于 0.5 mm 的用依比例尺长短线表示,小于 0.5 mm 的均用 0.5 mm 短线表示。

5.4.40　各条公路同一起始点的标志。

设在北京,作为北京至通达距离起始点的标志用符号 a 表示。

设在各省市级的公路零公里标志用符号 b 表示。

5.4.41　设置在道路边的指示道路通达情况的柱式标志。

有方位意义的才表示。

5.4.42　里程碑指设置在道路边的表示距线路起点距离的里程标志;坡度标指设置在路旁或堤上表示坡度的标志。

1:2 000 地形图上不表示坡度标。

编　号	符号名称	符号式样			符号细部图	多色图色值
		1:500	1:1 000	1:2 000		
5.4.43	水运港客运站		⚓ 4.8		0.9 / 0.3 / 45° R1.5 / 3.2 1.0 / 3.0	K100
5.4.44	码头 　a.固定顺岸式 　b.固定堤坝式 　c.浮码头(趸船式)	a 码头 b / c				K100

编　号	符号名称	符号式样			符号细部图	多色图色值
		1：500	1：1 000	1：2 000		
5.4.45	停泊场（锚地）		4.4		1.2　0.4　1.4　45°　R2.0	K100
5.4.46	灯塔 　a. 依比例尺的 　b. 不依比例尺的		a　b		1.2　2.5　1.2	K100
5.4.47	灯桩		3.0　60°　1.0		1.6	K100
5.4.48	灯船		3.0　1.2　2.4		1.6　60°　0.6　0.6	K100
5.4.49	浮标、灯浮标		1.6　3.0　1.2　2.5			K100
5.4.50	岸标、立标		3.0　1.0			K100
5.4.51	信号杆		2.0　3.0　0.8		1.0　0.4　0.8　1.0	K100

续表

编　号	符号名称	符号式样			符号细部图	多色图色值
		1:500	1:1 000	1:2 000		
5.4.52	系船浮筒					K100
5.4.53	过江管线标					K100
5.4.54	沉船 　a.露出的 　b.淹没的					K100

简要说明

5.4.43　供水上乘客出入、办理票务和候船的场所。

有名称的应注名称。注记注不下时,可用符号表示,符号表示在客运站主要建筑物的位置上。

5.4.44　供船舶停靠、上下旅客及装卸货物的场所。顺岸式码头指顺岸边修筑的固定的码头;堤坝式码头指由岸边伸向水域修筑的狭长堤坝式固定码头;浮码头指能随水面的涨落而上下浮动的码头。

按其建筑形式用相应的符号表示。有名称的码头应注出名称,无名称者注"码头"。

兼作码头用的防洪堤用堤坝式码头符号表示。浮在水上用作码头的构筑物(趸船式码头、栈桥式码头)用浮码头符号表示。

码头上的其他地物(如台阶等)用相应的符号表示。

5.4.45　港口水域中,指定的专供船舶抛锚停泊、避风、检疫及船队进行编组的地方。

符号表示在停泊场中心处。

5.4.46　建筑在水运航线附近的岛屿、礁石或港口海岸上等显要位置,安装有发光设备,引导船只航行的塔形导航设施。

符号表示在塔形建筑物中心处。依比例尺表示的用实线表示轮廓,其内配置符号。

5.4.47　设置在铁架、水泥桩、木桩上,设有发光装置的导航设施。

符号表示在桩位处。

5.4.48　装置有发光设备的,作为浮动航标使用的专用船只。通常设置在离岸较远,岸上航标作用达不到而又不便建造灯塔的港口或重要航道上。

符号表示在灯船的灯标位置上。

5.4.49 设置在江、河、港湾中,用来指示安全航道或航道附近碍航物的各种形式的浮动水上标志。

各种形式的浮标和无人看守的灯浮标均用此符号表示,符号表示在浮标位置处。

5.4.50 设在岸边、礁石、浅滩等地方的各种固定助航标志。

各种形式的立标和岸标,如导标、接岸标、过河标等,均用此符号表示。

5.4.51 为指示通行、水深、风讯而设立的一种助航信号标志。

通行信号杆(台)、水深信号杆、风讯信号杆等,均用此符号表示。

5.4.52 设置在水上的用于固定船只的浮筒式装置。

符号表示在浮筒位置处。

5.4.53 设在电缆或管道过江的两岸端的立标。该立标顶端有三角形空心板,写有"禁止抛锚"的警示标板。

按实地位置用此符号表示。

5.4.54 沉船分为露出水面的和水面下的。

根据情况分别用相应的符号表示。沉船区域用地类界表示。

编 号	符号名称	符号式样			符号细部图	多色图色值
		1:500	1:1 000	1:2 000		
5.4.55	急流区域 a.大面积的	1.0　8.0			30° 4.0 1.0 1.0	K100
5.4.56	漩涡区域 a.大面积的	3.0	a			K100
5.4.57	通航河段起止点	1.6 2.4				C100
5.4.58	缆车道	0.8 8.0　2.0				K100
5.4.59	简易轨道	10.0	0.5 3.0		0.4	K100

续表

编 号	符号名称	符号式样			符号细部图	多色图色值
		1:500	1:1 000	1:2 000		
5.4.60	架空索道 　a.端点、支架 　　a1.依比例尺的 　　a2.不依比例尺的		a1	a2 1.0 10.0		K100
5.4.61	渡口 　a.汽车渡 　b.火车渡 　c.人渡 　90、1190—载质吨数	a b c	90 1.0　2.0 火车1190	0.5 0.3		K100
5.4.62	徒涉场 　a.汽车徒涉场 　b.行人徒涉场	a b	 0.4　0.6	0.3		K100
5.4.63	跳墩		0.8 2.0			K100
5.4.64	漫水路面		2.0　1.0			K100
5.4.65	过河缆				2.0　3.0 1.0	K100

简要说明

5.4.55　在狭窄水道或滩等处水流流速明显增大形成湍急的水域。
大面积的急流应表示其范围线。

5.4.56　受地形的影响或由不同方向、不同流速的几股水流汇合而形成的漩涡。
大面积的漩涡应表示其范围线。

5.4.57　标示通航河段的起点与终点。
各种吨位的通航起止点均用此符号表示。符号的箭头方向朝向通航河段。

5.4.58　缆车道

5.4.59　在工矿区供机动牵引车、手压机式手推车行驶的固定小型铁轨。

临时性的不表示。

1∶2 000 地形图上宽度小于 0.5 mm 的用 0.5 mm 表示。

5.4.60　跨越河流、山谷和地面障碍物、用绞车牵引钢缆在支架上架空运输物资或人员的一种钢缆线。

1∶500、1∶1 000 地形图上的支架、杆柱按实地位置表示;1∶2 000 地形图上两端的支架按实地位置表示,中间配置表示。

5.4.61　载运人员、车辆过江、河、湖、海的场所,分人渡、汽车渡和火车渡等。

能载渡汽车和火车的渡口加注载质吨数,火车渡还应加注"火车"二字。

5.4.62　能涉水过河的场所。

5.4.63　浅水河中安置可跨步过河的石墩或石块。

5.4.64　道路通过浅水河流的路段。

符号的虚线表示在河流上游一侧。

5.4.65　在河流两岸间架设钢索,索上悬挂吊斗,可用来载人载物过河的设施。

编　号	符号名称	符号式样			符号细部图	多色图色值
		1∶500	1∶1 000	1∶2 000		
5.5	管线					
5.5.1	高压输电线					
5.5.1.1	架空的 　　a. 电杆 　　　35—电压(千伏)					
5.5.1.2	地面下的 　　a. 电缆标					K100
5.5.1.3	输电线入地口 　　a. 依比例尺的 　　b. 不依比例尺的					
5.5.2	配电线					
5.5.2.1	架空的 　　a. 电杆					K100
5.5.2.2	地面下的 　　a. 电缆标					
5.5.2.3	配电线入口地					

续表

编　号	符号名称	符号式样			符号细部图	多色图色值
		1：500	1：1 000	1：2 000		
5.5.3	电力线附属设施					
5.5.3.1	电杆					
5.5.3.2	电线架	a	4.0			
5.5.3.3	电线塔（铁塔） 　　a. 依比例尺的 　　b. 不依比例尺的	b	4.0			K100
5.5.3.4	电缆标	2.0　1.0			1.0 2.0　0.5 0.5	
5.5.3.5	电缆交接箱					
5.5.3.6	电力检修井孔	2.0			60° 0.6	
5.5.4	变电室（所） 　　a. 室内的 　　b. 露天的	a	b　3.2　1.6		0.5 1.2 30° 1.0 a 60° 60°　1.0	K100
5.5.5	变压器 　　a. 电线杆上的 　　变压器	a			2.0　1.2　1.0	K100

简要说明

5.5　管　线

电力线（分为输电线和配电线）、通信线、各种管道及其附属设施的总称。

5.5.1　用以输送6.6 kV以上且固定的高压输电线路。

多种电线在一个杆柱上时只表示主要的。

输电线根据需要可不连线，仅在杆位或转折、分岔处和出图廓时在图内表示一段符号以示走向。

地下输电线根据需要表示。图上每隔3~4节表示一节电压符号。

电缆标按实地位置表示，一般不取舍，但在1：2 000地形图上电力线直线部分的电缆标可取舍。

地下电力线用虚线表示,入地口紧靠杆位垂直于电力线表示。

5.5.2　用以输送 6.6 kV 以下且固定的低压配电线路。

配电线的表示方法同输电线。

5.5.3　电力线附属设施。

5.5.3.1　支撑电线的立杆。

电杆不区分建筑材料、断面形状,均用同一个符号表示。电杆按实地位置表示。

5.5.3.2　由两根立杆组成,支撑电线的支架。

电线架按实地位置表示。

5.5.3.3　由钢架结构组成,支撑电线的塔架。

电线塔(铁塔)按实地位置表示。

5.5.3.4　指示地下电力线的地面标志。

电缆标符号垂直于电力线表示。电缆标位置按实地表示,但在 1∶2 000 地形图上除拐弯处外,直线部分可取舍。

5.5.3.5　交流电电缆的分接设备。图上只表示室外的电缆交接箱,并按实地位置表示。

5.5.3.6　进入地下检修电力线的出入口。

5.5.4　改变电压和控制电能输送与分配的场所。

设在房屋内的,其房屋轮廓内配置符号;露天的其范围用相应的地物符号表示,范围内配置符号。

其房屋或轮廓范围不能依比例尺表示时,只表示变电室(所)符号,符号表示在大变压器的位置上。

5.5.5　露天的,安装在电线杆、架上的小型变压器。

按实地位置表示。变压器大于符号尺寸的,用轮廓线表示,其内配置符号。

编　号	符号名称	符号式样			符号细部图	多色图色值
		1∶500	1∶1 000	1∶2 000		
5.5.6	陆地通信线					
5.5.6.1	地面上的 　a.电杆					
5.5.6.2	地面下的 　a.电缆标					
5.5.6.3	通信线入地口					K100
5.5.6.4	电信交接箱					
5.5.6.5	电信检修井孔 　a.电信入孔 　b.手孔					

续表

编　号	符号名称	符号式样			符号细部图	多色图色值
		1:500	1:1 000	1:2 000		
5.5.7	管道					
5.5.7.1	架空的 　a.依比例尺的 墩架 　b.不依比例尺 的墩架	a ⊠ 热 ⊠ 　　　　1.0 b ■ 热 ■				
5.5.7.2	地面上的	○ ○ 水 ○ 1.0　　　10.0				K100
5.5.7.3	地面下的入地口	○ 污 1.0 4.0				
5.5.7.4	有管堤的 　热、水、污—输 送物名称	1.0 水 　　2.0				
5.5.8	管道检修井孔 　a.给水检修 井孔 　b.排水（污 水）检修井孔 　c.排水暗井 　d.煤气、天然 气、液化气检修 井孔 　e.热力检修 井孔 　f.工业、石油 检修井孔 　g.不明用途的 井孔	a 2.0 ⊖ b 2.0 ⊕ c 2.0 Ⓐ d 2.0 Ⓝ e 2.0 ⊕ f 2.0 Ⓗ g 2.0 ○			1.2 1.4 0.6 60° 0.6	K100

简要说明

5.5.6　供通信的陆地电缆、光缆线路,如电话线、广播线等。

光缆应加注" 光"字,较长时图上每隔 15 cm 重复注出。

电缆标是指示地下通信线的地面标志,按实地位置表示。

电信检修井孔指进入地下检修通信线的出入口。不分井盖形状,只区分人孔和手孔符号。

供市内、城镇电信网主干电(光)缆与配线电(光)缆交接的大容量交接分线设备。图上只表示落地的电信交接箱。

通信线及附属设施的表示方法同输电线。

5.5.7　输送油、汽、气、水等液体和气态物质的管状设施。

管道分为架空的、地面上的、地面下的、有管堤的 4 种，分别用相应符号表示，并加注输送物名称。根据需要也可注记输送物名称简注。输送物名称简注见表 5.3。

表 5.3　输送物名称简注

类　别	给水	排水	煤气	天然气	液化气	热力	电力	电信	工业管道
简　注	水	污、雨、合	煤气	气	液化	热	电	信	氧、氢、乙炔、石油、排渣等

注："合"表示污水、雨水合流。

架空管道的支架按实际位置表示，当支架密集时，直线部分可取舍。

地下管道在能判别走向的情况下可选择表示。地面下的管道在地面上的标志用过江管线标符号表示。

有管堤的管道是指管道敷设于地面，上面修筑土堤保护管道。图上大于符号尺寸的依比例尺表示。

各种管道通过河流、沟渠时，在水上通过的以"架空的"符号表示，在水下通过的以"地面下的"符号表示。

管道及附属设施表示的详细程度可根据需要而定。

5.5.8　管道检修井孔按实际位置表示，不区分井盖形状，只按检修类别用相应符号表示。重点表示主管和铺装路上的检修井。

a. 进入地下检修给水管道的出入口。

b. 进入地下检修排水管道的出入口。

c. 进行清污、疏通地下排水管道的地下井口。

d. 进入地下检修煤气、天然气、液化气管道的出入口。

e. 进入地下检修热力管道的出入口。

f. 进入地下检修工业管道的出入口。

g. 不明用途的或综合管道的检修井孔。

编　号	符号名称	符号式样			符号细部图	多色图色值
		1：500	1：1 000	1：2 000		
5.5.9	管道其他附属设施 　a. 水龙头 　b. 消火栓 　c. 阀门 　d. 污水、雨水箅子	a 3.6 1.0 b 2.0 3.0 1.6 c 1.0 1.6 3.0 d 0.5 2.0　　1.0 2.0			1.0 2.0 0.6	K100

简要说明

5.5.9 管道其他附属设施。

a. 室外饮水、供水的出水口的控制开关。

供水站依比例尺表示,其内配置水龙头符号。

b. 消防用水接口。

室外地上和地下的消火栓均用此符号表示。

c. 工业、热力、液化气、天然气、煤气、给水、排水等各种管道的控制开关。

阀门池在图上大于符号尺寸时,依比例尺表示,其内配置阀门符号。

d. 城市街道及内部道路旁污水雨水管道口起算滤作用的过滤网。

符号按实际情况沿道路边线表示。

编　号	符号名称	符号式样			符号细部图	多色图色值
		1 : 500	1 : 1 000	1 : 2 000		
5.6	境界					
5.6.1	国界 a. 已定界和界桩、界碑及编号 b. 未定界					K100
5.6.2	省级行政区界线和界标					K100
5.6.3	特别行政区界线					K100
5.6.4	地级行政区界线 a. 已定界和界标 b. 未定界					K100
5.6.5	县级行政区界线 a. 已定界和界标 b. 未定界					K100

5.6 境 界

境界是区域范围的分界线,分为国界和国家内部境界两种。当两级以上境界重合时,按高一级境界表示。国家内部各种境界,遇有行政隶属不明确地段,用未定界符号表示。

5.6.1 国界是国与国之间的领土分界线。国界应根据国家正式签定的边界条约或边界议定书及附图,按实地位置在图上精确表示。

a. 表示国界时应注意:

● 国界符号应连续不间断,界桩、界碑应按坐标值定位,注出其编号,并尽量注出高程。

● 同号双立或同号三立的界桩、界碑,图上不能同时按实地位置表示时,用空心小圆圈按实地的位置关系表示,并注出各自序号。

● 各种注记不要压盖国界符号,并均应注在本国界内。

b. 以河流及线状地物为界的国界表示方法:

● 以河流中心线或主航道为界的,河流符号内能表示国界符号时,国界符号在河流中心线位置或主航道线上不间断表示出,并正确表示岛屿、沙洲的归属(即每隔 3 cm ~ 5 cm 交错表示 3 ~ 4 节符号);河流符号内表示不下国界符号时,国界符号在河流两侧不间断交错表示(每段 3 ~ 4 节),岛屿、沙洲用附注标明归属。

● 以共有河流或线状地物为界的,国界符号应在其两侧每隔 3 cm ~ 5 cm 交错表示 3 ~ 4 节符号。岛屿用附注标明归属。

● 以河流或线状地物一侧为界的,国界符号在相应的一侧不间断表示出。

5.6.2—5.6.5 国家内部省级行政区之间的、地级行政区之间的、县级行政区之间的分界线和界线标志。各级行政区划界应以相应的符号准确表示。各级界桩、界标要准确表示。界标若为石碑的则以纪念碑符号表示。

境界以线状地物为界,不能在线状符号中心表示时,可沿两侧每隔 3 cm ~ 5 cm 交错表示出 3 ~ 4 节符号。但在境界相交或明显拐弯点以及接近图廓或调绘面积边缘的地方,境界符号不应省略。

应清楚地标明岛屿、沙洲等的隶属关系。

"飞地"界线用其所辖属行政单位的境界符号表示,并在其范围内加注隶属注记。

编　号	符号名称	符号式样			符号细部图	多色图色值
		1 : 500	1 : 1 000	1 : 2 000		
5.6.6	乡、镇级界限 a. 已定界 b. 未定界					K100
5.6.7	村界					K100

续表

编 号	符号名称	符号式样			符号细部图	多色图色值
		1：500	1：1 000	1：2 000		
5.6.8	特殊地区界限					K100
5.6.9	开发区、保税区界线					M100
5.6.10	自然、文化保护区界限					M100
5.7	地貌					
5.7.1	等高线及其注记 a.首曲线 b.计曲线 c.间曲线 25—高程					M40Y100K30
5.7.2	示坡线					M40Y100K30
5.7.3	高程点及其注记 1520.3，−15.3—高程					K100
5.7.4	比高点及其注记 6.3,20.1,3.5—比高					与所表示地物用色一致

简要说明

5.6.6　乡、镇、国有农场、林场、牧场、盐场、养殖场等之间的行政分界线。

5.6.7　村与村之间的行政分界线。

5.6.8　不适用于用上述界线表示的特殊地区,可用特殊地区界表示。如国外的克什米尔地区用此符号表示。

5.6.9　国内如高新技术开发区、经济开发区、农业开发区、保税区等界用此符号表示,并在其范围内注记名称注记。

5.6.10　经国家或省级人民政府公布的自然保护区、国家森林公园、风景旅游区以及世界自然或文化遗产等的范围界线,用此符号表示,并在其范围内注记名称。

5.7 地貌/地球表面起伏的形态

5.7.1 等高线是地面上高程相等的各相邻点所连成的闭合曲线。等高线分为首曲线、计曲线、间曲线。

a. 从高程基准面起算,按基本等高距测绘的等高线,又称基本等高线。

b. 从高程基准面起算,每隔四条首曲线加粗一条的等高线,又称加粗等高线。

c. 按二分之一基本等高距测绘的等高线,又称半距等高线。表示时可不闭合,但应表示至基本等高线间隔较小、地貌倾斜相同的地方为止。在表示小山顶、小洼地、小鞍部等地貌形态时,可缩短其实部和虚部的尺寸。在等高线比较密的等倾斜地段,当两计曲线间的空白小于 2 mm 时,首曲线可省略不表示。等高线遇到房屋、窑洞、公路、双线表示的河渠、冲沟、陡崖、路堤、路堑等符号时,应表示至符号边线。单色图上等高线遇到各类注记、独立地物、植被符号时,应间断 0.2 mm。大面积的盐田、基塘区,视具体情况可不测绘等高线。等高线高程注记应分布适当,便于用图时迅速判定等高线的高程,其字头朝向高处。根据地形情况图上每 100 cm^2 面积内,应有 1~3 个等高线高程注记。

5.7.2 指示斜坡降落的方向线,它与等高线垂直相交。

一般应表示在谷地、山头、鞍部、图廓边及斜坡方向不易判读的地方。凹地最高、最低的一条等高线上也应表示示坡线。

5.7.3 根据高程基准面测定高程的地面点。

高程点用 0.5 mm 的黑点表示。独立地物如宝塔、烟囱等的高程均为地物基部的地面高,高程点省略,只在符号旁注记其高程。高程点注记一般注至 0.1 m,1:500、1:1 000 地形图可根据需要注至 0.01 m;低于 0 m 的高程点,应在其注记前加"-"号。高程点高程注记用正等线体注出。

5.7.4 地物顶部至地物基部的高差。

在图上用 0.5 mm 的点表示,定位在地物的顶部。对于独立地物如烟囱、宝塔等,比高点省略,只在符号旁注记其比高。比高注记用长等线体注出。比高点及注记应与所表示的地物用色一致。

编 号	符号名称	符号式样			符号细部图	多色图色值
		1:500	1:1 000	1:2 000		
5.7.5	特殊高程点及其注记 洪 113.5—最大洪水位高程 1986.6—发生年月	1.6 ⊙ 洪113.5 ⎯⎯⎯ 1986.6				K100

续表

编　号	符号名称	符号式样			符号细部图	多色图色值
		1：500	1：1 000	1：2 000		
5.7.6	水下高程注记及等高线 　a. 水下高程注记 　　a1. 水下高程 　　a2. 水深 　b. 水下等高线 　　b1. 首曲线 　　b2. 计曲线 　c. 等深线 　　c1. 首曲线 　　c2. 计曲线 　　3,5—深度	a　　　　a1　2.5　　a2　2.5 b b1 ——3　　0.15 b2 ——5　　0.3 c c1 ——3　0.15 c2 ——5　0.3				C100
5.7.7	独立石 　a. 依比例尺的 　b. 不依比例尺的 　c. 2.4—比高	a　　2.4 b　　2.4			2.0　　60° 1.0　0.5	K100
5.7.8	土堆、贝壳堆、矿渣堆 　a. 依比例尺的 　b. 不依比例尺的 　3.5—比高	a　3.5　b　1.0 2.0				K100
5.7.9	石堆 　a. 依比例尺的 　b. 不依比例尺的	a　　b			1.5　1.5　1.5 0.9　0.9　0.9	K100
5.7.10	岩溶漏斗、黄土漏斗				3.0　2.0　0.3 0.4　0.4　0.4	M50Y100K30

续表

编　号	符号名称	符号式样			符号细部图	多色图色值
		1 : 500	1 : 1 000	1 : 2 000		
5.7.11	坑穴 　a.依比例尺的 　b.不依比例尺的 　　2.6,2.3—深度	a	**2.6**			K100
		b　2.5	2.3			
5.7.12	山洞、溶洞 　a.依比例尺的 　b.不依比例尺的	a	b　2.4 　　1.6			K100

简要说明

5.7.5　具有特殊需要和意义的高程点,如洪水位、大潮潮位等处的高程点。

5.7.6　海岸线以下可采用 1985 国家高程基准作为起算面测定水下高程及等高线,也可采用深度基准面测定水深及等深线,但同一幅图内只能采用一种起算面。

a.水下高程或水深注记以米(m)为单位。

a1.水下高程(实测高程)是参照 1985 国家高程基准面,由外业施测测定海岸线以下的地面高程。实测高程用正等线体注出,实测点位在小数点的位置上;低于 0 m(基准面)的高程点,其高程用负数注出。

a2.水深(转绘水深)是深度基准面(最低低潮面)向下至水下测点的深度,可根据海图由内业转绘。转绘海图的水深用右斜等线体表示,实测点位在整数中心,小数用拖尾小号数字表示。

b.水下等高线指海岸线以下高程相等的各相邻点所连成的闭合曲线。水下等高线分为首曲线和计曲线。低于 0 m(基准面)的等高线,其高程用负数注出。水下等高线注记用正等线体注出,注记字头指向浅水处。

c.等深线指根据深度基准面测定的深度值相等的各相邻点所连成的闭合曲线。根据海图内业转绘。等深线注记用右斜等线体注出,注记字头指向浅水处。

5.7.7　地面上长期存在的具有方位意义的较大的独立石块。

能依比例尺表示的应表示其轮廓线,其内配置符号。独立石应标注比高。

5.7.8　由泥土、贝壳、矿渣堆积而成的堆积物。

沿其顶部概略轮廓表示为实线,斜坡根据其坡度大小用斜坡或陡坎符号表示至坡脚,并标注比高;图上面积小于符号 b 的用符号 b 表示。海边的贝壳堆、固定的矿渣堆分别加注"贝壳""渣"字。

对于较大的没有明显顶部棱线和坡底轮廓的且独立的堆积体,如"矸石山",可用地类界表示其范围,内部以等高线表示,并加注名称。

5.7.9　由石块堆积而成的堆积物。

图上面积大于符号尺寸的用地类界表示其范围线,中间配置符号。

5.7.10　在岩溶地区受水的溶蚀或岩层塌陷而在地面形成的漏斗状或碟形的封闭洼地。

面积小的用此符号表示(符号的点线朝东南方向,其定位点在椭圆中心);面积大的按实际情况用陡崖、陡坎和等高线配合表示,其中心仍应表示漏斗符号。

黄土漏斗也用此符号表示,并加注"土"字。

5.7.11　地表面突然凹下的部分,坑壁较陡,坑口有较明显的边缘。

以陡坎符号表示坑边缘,并标注坑底高程或坑穴深度。坑穴面积很大时,可配合等高线表示。

5.7.12　山洞是指山体中的洞穴;溶洞指受水溶蚀或岩层塌陷而形成的地下空洞。

符号在洞口位置上按真实方向表示。符号两端短线表示洞口宽度;当洞口宽度小于 3 mm 时用符号 b 表示。山洞、溶洞有名称的加注名称。

人工修筑的防空洞和探洞等也用此符号表示,并加注相应的说明,注记"防""探"等字。

编　号	符号名称	符号式样			符号细部图	多色图色值
		1 : 500	1 : 1 000	1 : 2 000		
5.7.13	冲沟 　　3.4、4.5—比高	3.4　　　　　4.5				M40Y100K30
5.7.14	地裂缝 　a. 依比例尺的 　　2.1—裂缝宽 　　5.3—裂缝深 　b. 不依比例尺的	a $\frac{2.1}{5.3}$ 裂 b 裂　0.5 0.15				M40Y100K30
5.7.15	陡崖、陡坎 　a. 土质的 　b. 石质的 　　18.6,22.5—比高	a 18.6　300	b 22.5　700		a 2.0 2.0 0.3 0.6　0.8 0.6　2.4 0.7 0.3	M40Y100K30
5.7.16	人工陡坎 　a. 未加固的 　b. 已加固的	a 2.0 b 3.0				K100

续表

编 号	符号名称	符号式样			符号细部图	多色图色值
		1 : 500	1 : 1 000	1 : 2 000		
5.7.17	露岩地、陡石地 a. 路岩地 b. 陡石地 1986.4— 高程				2.0 0.8 b 0.6 2.4 ヲ ㅓ （背光面） ᄀ ㅗ （侧光面） ᄀ ᅵ （迎光面）	M40Y100K30
5.7.18	平沙地	平沙地				M40Y100K30
5.7.19	崩崖 a. 沙土崩崖 b. 石崩崖	a		b	1.5 1.5 1.5 0.9 0.9 0.9	M40Y100K30
5.7.20	滑坡					M40Y100K30
5.7.21	斜坡 a. 未加固的 b. 已加固的	a 2.0 4.0 b				a. M40Y100K30、 K100 b. K100

简要说明

5.7.13 地面长期被雨水急流冲蚀而形成的大小沟壑,沟壁较陡,攀登困难。

图上宽度在 0.5 mm 以内的用线粗为 0.1 mm ~ 0.5 mm 单线渐变表示;宽度大于 0.5 mm 的用双线表示;宽度在 3 mm 以上的需表示陡崖符号。宽度大于 5 mm 时还应表示沟内等高线。冲沟应标注比高。

沟坡较缓的宽大冲沟可用等高线表示,或用符号与等高线配合表示。

5.7.14 由地壳运动引起的地裂或采掘矿物后的采空区塌陷造成的地表裂缝。

图上宽度大于 1 mm 时用双线表示,并标注宽度和深度;小于 1 mm 时其实际长度按两头以 0.15 mm ~ 0.5 mm 渐变的单线表示,并加注"裂"字。

5.7.15 形态壁立、难于攀登的陡峭崖壁或各种天然形成的坎(坡度在 70°以上),分为土质和石质两种。

符号的实线为崖壁上缘位置。土质陡崖图上水平投影宽度小于 0.5 mm 时,以 0.5 mm 短线表示;大于 0.5 mm 时,依比例尺用长线表示。石质陡崖图上水平投影宽度小于 2.4 mm 时,以 2.4 mm 表示;大于 2.4 mm 时,依比例尺表示。陡崖应标注比高。

5.7.16 由人工修成的坡度在 70°以上的陡峻地段。

符号的上沿实线表示陡坎的上棱线,齿线表示陡坎坡面,符号齿线一般表示到坎脚。陡坎图上水平投影宽度小于 0.5 mm 时,以 0.5 mm 短线表示;大于 0.5 mm 时,依比例尺用长线表示。当坡面有明显坎脚线时,可用地类界表示其坎脚线。

5.7.17 露岩地指岩石露出地面且分布较集中的地段。图上用等高线配合散列的石块符号表示,在其边缘处适当多配置些石块符号以示其概略范围。

陡石山指全部或大部分岩石裸露且坡度大于 70°的陡峻山岭。当石山坡度小于 70°时,用等高线配合露岩地符号表示。陡石山应适当标注高程。

5.7.18 平坦沙地或起伏不明显的沙地。

面积较大时加注注记。

5.7.19 沙土质或石质的山坡受风化作用,其碎屑向山坡下崩落的地段。

分别用相应符号表示。符号上缘实线表示崩崖上缘,若上缘是陡崖时应表示陡崖符号。面积较大时用等高线配合表示。

5.7.20 斜坡表层由于受到地下水和地表水的影响,在重力作用下向下滑动的地段。

符号上缘用陡崖符号表示,范围用地类界表示,其内部的等高线用长短不一的虚线表示。

5.7.21 各种天然形成和人工修筑的坡度在 70°以下的坡面地段。

天然形成斜坡用棕色表示,人工修筑的用黑色表示。斜坡在图上投影宽度小于 2 mm 时,以陡坎符号表示。

符号的上沿实线表示斜坡的上棱线,长短线表示坡面,符号的长线一般表示到坡脚,当坡面有明显坡脚线时,可用地类界表示其坡脚线。

编 号	符号名称	符号式样			符号细部图	多色图色值
		1:500	1:1 000	1:2 000		
5.7.22	梯田坎 2.5—比高	2.5	0.5 2.0			K100
5.7.23	石垄 a.依比例尺的 b.半依比例尺的	a b			1.2 1.6 2.0	K100

简要说明

5.7.22 依山坡或谷地由人工修筑的阶梯式农田陡坎。

梯田坎需适当标注比高或注出坎上坎下高程。

5.7.23　在山坡或河滩地上用大小不同的石块,由人工堆积而成的狭长石围。

图上面积较大时,用地类界表示其范围线,中间配置符号。

编　号	符号名称	符号式样			符号细部图	多色图色值
		1∶500	1∶1 000	1∶2 000		
5.8	植被与土质					
5.8.1	稻田 　a.田埂					C100Y100
5.8.2	旱地					C100Y100
5.8.3	菜地					C100Y100
5.8.4	水生作物地 　a.非常年积累的 　菱—品种名称					C100Y100
5.8.5	台田、条田					C100

5.8　植被与土质

植被是地表各种植物的总称;土质是地表各种物质的总称。

同一地段生长有多种植物时,植被符号可配合表示,但不要超过 3 种(连同土质符号)。如果种类很多,可舍去经济价值不大或数量较少的。符号的配置应与实地植被的主次和稀密情况相适应。

表示植被时,除疏林、稀疏灌木林、迹地、高草地、草地、半荒草地、荒草地等外,一般均应表示地类界。

配置植被符号时,不要截断或压盖地类界和其他地物符号。植被范围被线状地物分割时,在各个隔开部分内,至少应配置一个符号。

5.8.1 种植水稻的耕地。

不分常年有水和季节性有水,均用此符号表示。水旱轮作地也按稻田符号表示。符号按整列式配置;田埂图上宽度大于 1 mm 的以双线表示。

5.8.2 稻田以外的农作物耕种地,包括撂荒未满 3 年的轮歇地。

符号按整列式配置。大面积的旱地可不用符号表示,在其范围内加注"旱地"注记。

5.8.3 以种植蔬菜为主的耕地。

符号按整列式配置。有喷灌设备的菜地需加注"喷灌"二字。粮菜轮种的耕地按旱地表示。

5.8.4 比较固定的以种植水生作物为主的用地,如菱角、莲藕、茭白地等。

符号按整列式配置。图上面积大于 2 cm² 的除表示符号外,还应加注品种名称。

非常年积水的水生作物地(如藕田),在图上用不固定水涯线加符号表示。

5.8.5 台田指土壤含盐、碱成分较重地区(非盐碱地),为改造土壤,挖有排盐、排碱沟渠的地面抬高的农田。其范围用地类界表示,地物用相应的地物符号表示,并加注"台田"注记。已长期种植作物的台田以相应作物符号表示。

平原地区由各级灌排渠道和道路合理布局形成的,便于机械化作业和灌溉排水的条状农田也用此符号表示,并加注"条田"注记。

编　号	符号名称	符号式样			符号细部图	多色图色值
		1:500	1:1 000	1:2 000		
5.8.6	园地					
5.8.6.1	经济林					
	a.果园	a 1.2 10.0 2.5 10.0				
	b.桑园	b 2.5 L L 1.0 L L 10.0 10.0				
	c.茶园	c 1.6 2.5 Y Y 10.0 Y Y 10.0				
	d.橡胶园	d 2.5 1.0 10.0 10.0				C100Y100
	e.其他经济林	e 2.5 1.2 10.0 10.0				
5.8.6.2	经济作物地	1.0 10.0 2.5 10.0				

续表

编　号	符号名称	符号式样			符号细部图	多色图色值
		1∶500	1∶1 000	1∶2 000		
5.8.7	成林					C100Y100
5.8.8	幼林、苗圃					C100Y100
5.8.9	灌木林 　a. 大面积的 　b. 独立灌木丛 　c. 狭长灌木丛					C100Y100

成林符号：○……1.6　松6　10.0　○—10.0

幼林、苗圃符号：1.0　幼　10.0　○—10.0

灌木林符号：a 0.5 1.0；b 0.5 1.0；c 1.0 0.5 4.0

简要说明

5.8.6　以种植果树为主,集约经营的多年生木本和草本作物,覆盖度大于50%或每亩株数大于合理株数70%的土地。

5.8.6.1　经济林指以生产果品、食用油料、饮料、调料、工业原料和药材为主要目的的树木。

a.种植各种果树的园地。在其范围内整列式配置符号,并加注果树树种名称,如"苹""梨"等字。

b.以种植桑树为主的园地。在其范围内整列式配置符号。

c.以种植茶树为主的园地。在其范围内整列式配置符号。

d.以种植橡胶树为主的园地。在其范围内整列式配置符号。

e.除果园、茶园、桑园、橡胶园以外的木本作物。在其范围内整列式配置符号,并加注树种名称,如"漆"等字。

5.8.6.2　经济作物地指由人工栽培、种植比较固定的多年生长植物,如甘蔗、麻类、香蕉、药材、香茅草、啤酒花、可可、咖啡、胡椒、油棕等。经济作物与其他作物轮种的,不按经济作物地表示。

在其范围内整列式配置符号,并加注相应作物名称,如"蔗""麻""药"等。

5.8.7　林木进入成熟期、郁闭度(树冠覆盖地面的程度)在0.3(不含0.3)以上、林龄在20年以上的、已构成稳定的林分(林木的内部结构特征)能影响周围环境的生物群落,包括各种针叶林、阔叶林。

在其范围内每隔10~20 mm散列配置符号。

图上面积在25 mm²以上的林地需注出树种简注,根据需要可注出平均树高(注至整米)。

5.8.8　林木处于生长发育阶段,通常树龄在20年以下,尚未达到成熟的林分。苗圃指固定的林木育苗地。

幼林、苗圃在其范围内整列式配置符号,并分别加注"幼""苗"字。

5.8.9　成片生长、无明显主干、枝权丛生的木本植物地。

攀缘崖边的藤类和矮小的竹类植物也用灌木林符号表示。

a. 覆盖度在40%以上的灌木林地。在其范围内散列配置符号。

b. 覆盖度在40%以下的灌木林地和杂生在疏林、竹林、草地、盐碱地、沼泽地、沙地内的零星灌木,按实地位置用此符号表示。

c. 沿道路、沟渠分布较长的狭长灌木林用此符号表示,图上长度小于10 mm的用灌木丛符号表示。

编　号	符号名称	符号式样			符号细部图	多色图色值
		1:500	1:1 000	1:2 000		
5.8.10	竹林 　a. 大面积竹林 　b. 小面积竹林、竹丛 　c. 狭长竹丛					C100Y100
5.8.11	疏林					C100Y100
5.8.12	迹地					C100Y100

续表

编　号	符号名称	符号式样			符号细部图	多色图色值
		1 : 500	1 : 1 000	1 : 2 000		
5.8.13	防火带	 防火　　　　　防火				K100
5.8.14	零星树木	 **1.0**　○				C100Y100
5.8.15	行树 a.乔木行树 b.灌木行树	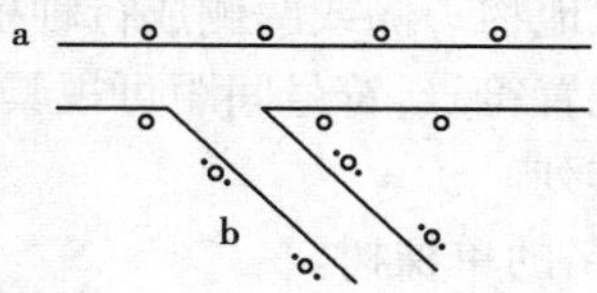				C100Y100
5.8.16	独立树 a.阔叶 b.针叶 c.棕榈、椰子、槟榔 d.果树 e.特殊树	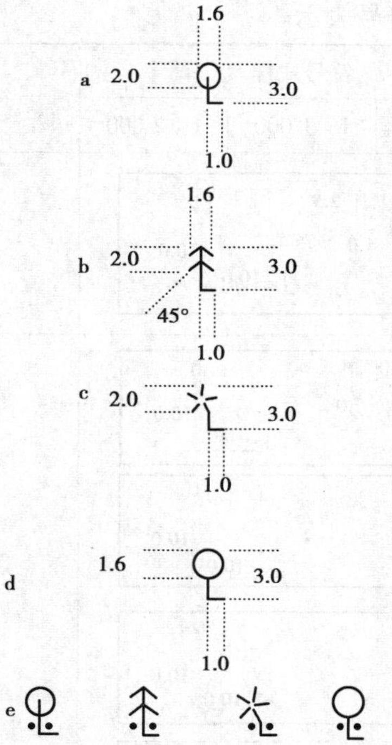			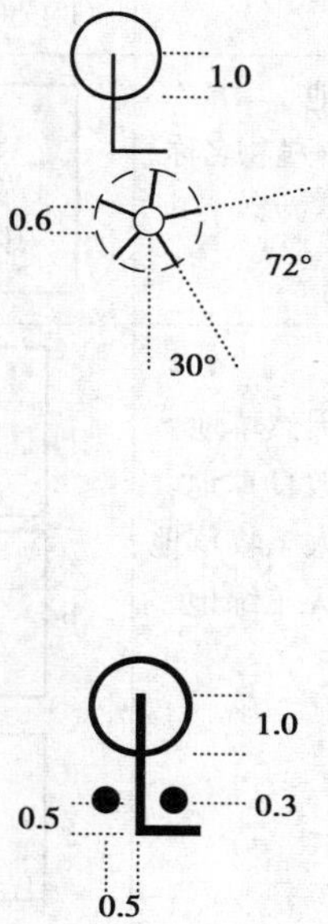	C100Y100

简要说明

5.8.10　以生长竹子为主的林地。

a. 在其范围内散列配置符号。

b. 有方位意义的竹丛用此符号。

c. 图上宽度小于 4 mm 的狭长竹林用此符号表示,长度依比例尺表示。

5.8.11　树木郁闭度在 0.1 ~ 0.3 的林地。

在其范围内表示符号,表示符号时应注意显示其实地树木稀密分布特征。疏林可与其底层的土质、其他植被符号配合表示。

5.8.12　林地采伐后或火烧后 5 年内未变化的土地。

在其范围内整列式配置符号。

5.8.13　林区、草原中为防止火灾灾情蔓延而开辟的空道。

宽度依比例尺表示,加注"防火"。若防火带较长,每隔 5~8 cm 注记一次。防火带在图上的宽度大于 5 mm 时,还应表示等高线。

5.8.14　杂生在灌木林、草地中或散生在田间、水边、村落附近等处的树木。

按实地位置表示。

5.8.15　沿道路、沟渠和其他线状地物一侧或两侧成行种植的树木或灌木。

行树两端的树木实测表示,中间配置符号,符号间距可视具体情况略为放大或缩小。凡线状地物两侧的行树,表示时应鳞错排列。

5.8.16　有良好方位意义的或著名的单棵树。

针叶、阔叶、棕榈、果树等用相应的符号表示。著名的应加注名称。由管理部门确定的有特殊保护意义的树木用特殊树符号表示。

编　号	符号名称	符号式样			符号细部图	多色图色值
		1:500	1:1 000	1:2 000		
5.8.17	高草地 芦苇—植物名称	2.5 / 1.0 / 1.0 芦苇 / 10.0 / 10.0				C100Y100
5.8.18	草地 　a. 天然草地 　b. 改良草地 　c. 人工牧草地 　d. 人工绿地	a 2.0 / 1.0 / 10.0 b 10.0 c 10.0 d 1.6 / 0.8 / 5.0 / 10.0			2.0 / 90°	C100Y100
5.8.19	半荒草地	0.6 / 1.6 / 10.0 / 10.0				C100Y100

编　号	符号名称	符号式样			符号细部图	多色图色值
		1∶500	1∶1 000	1∶2 000		
5.8.20	荒草地	·····0.6　　　　10.0　　　10.0				C100Y100
5.8.21	花圃、花坛	1.5　1.5　　10.0　　10.0				C100Y100
5.8.22	盐碱地				3.6　　30°　2.4	C100Y100

简要说明

5.8.17　生长芦苇、席草、芒草、芨芨草和其他高秆草本植物的草地。

在图上按其分布范围整列式配置符号,并分别加注植物名称,如"芦苇""席草""芒草""芨芨草"等。

5.8.18　以生长草本植物为主的、覆盖度在50%以上的地区,如干旱地区的草原、山地、丘陵地区的草地,沼泽、湖滨地区的草甸等。不分草的高矮(包括夹杂于草类同高的灌木、疏林),均以草地符号表示。

a. 以天然草本植物为主,未经改良的草地,包括草甸草地、草丛草地、疏林草地、灌木草地和沼泽草地。在其范围内整列式配置符号。

b. 采用灌溉、排水、施肥、松耙、补植等措施进行改良的草地。

c. 人工种植的牧草地。

d. 城市中人工种植的绿地。

5.8.19　草类生长比较稀疏,覆盖度在20%～50%的草地。

符号按整列式配置。

5.8.20　植物特别稀少,其覆盖度在5%～20%的土地,不包括盐碱地、沼泽地和裸土地。

一般只表示位于气候特别干旱和土壤贫瘠地区,符号按整列式配置。

5.8.21　用来美化庭院,种植花卉的土台、花园。

街道、道路旁规划的绿化岛、花坛及工厂、机关、学校内的正规花坛均用此符号表示。符号按整列式配置。有墩台或矮墙的,其轮廓用实线表示。

5.8.22　有盐碱聚积的地面。

图上只表示不能种植作物的盐碱地,在其范围内散列配置符号。盐碱地上长有其他植被时,用相应植被符号配合表示。

编　号	符号名称	符号式样			符号细部图	多色图色值
		1:500	1:1 000	1:2 000		
5.8.23	小丘草地 a. 独立的 b. 大面积的		a　　　0.6 b　　　2.0			M40Y100K30
5.8.24	龟裂地	3.6 3.6				M40Y100K30
5.8.25	沙砾地、戈壁滩				1.5　1.5　1.5 0.9　0.9　0.9	M40Y100K30
5.8.26	沙泥地		3.0 3.0　　3.0			M40Y100K30
5.8.27	石块地				1.5　1.5　1.5 0.9　0.90.9	M40Y100K30

简要说明

5.8.23　在沼泽、草原和荒漠地区长有草类或灌木的小丘成群分布在地面。

独立的可依比例尺表示时,需表示范围线;大面积的在其范围内散列配置符号。沼泽地上的草墩也用此符号表示。

5.8.24　黏土地表水分被强烈蒸发后而形成的坚硬网状裂隙的地面。

在其范围内散列配置符号。

5.8.25　沙和砾石混合分布的沙砾地和地表几乎全为砾石覆盖的地段。

在其范围内散列配置符号。

5.8.26　沙和泥混合分布的地面。

在其范围内散列配置符号。

5.8.27　岩石受风化作用而形成的石块堆积地。

在其范围内散列配置符号。

5.9 注 记

注记包括地理名称注记、说明注记和各种数字注记等。地图中所使用的汉语文字应符合国家通用语言文字的规范和标准。图内使用的地方字应在附注内注明其汉语拼音和读音,如地方字"躼"音 lao(捞)。

注记字大以毫米(mm)为单位,字级级差为 0.25 mm;数字字大在 2.0 mm 以下者其级差为 0.2 mm。

注记列有二级以上字大或字大区间的,按地物的重要性和该地物在图上范围的大小选择字大。

注记字列分水平字列、垂直字列、雁行字列和屈曲字列。

水平字列:由左至右,各字中心的连线成一条线,且平行于南图廓。

垂直字列:由下至上,各字中心的连线成一条线,且垂直于南图廓。

雁行字列:各字中心的连线斜交于南图廓,与被注地物走向平行,但字向垂直于南图廓,如山脉名称、河流名称等。当地物延伸方向与南图廓成45°和45°以下倾斜时,由左到右注记;成45°以上倾斜时,由上至下注记,字序如图 5.1 所示。

屈曲字列:各字字边垂直或平行于现状地物,依线状的弯曲排成字列,如街道名称注记、说明注记等。

注记的字隔是一列注记各字间的间隔,分下列 3 种。

接近字隔:各字间间隔由 0 mm ~ 0.5 mm。

普通字隔:各字间间隔由 1.0 mm ~ 3.0 mm。

隔离字符:为字大的 2 ~ 5 倍。

图 5.1 注记字序

编 号	符号名称	符号式样			多色图色值
		1:500	1:1 000	1:2 000	
5.9	注记				
5.9.1	居住地名称注记				
5.9.1.1	地级以上政府驻地	唐山市 粗等线体(5.5)			K100
5.9.1.2	县级(市、区)政府驻地、(高新技术)开发区管委会	安吉县 粗等线体(4.5)			K100

续表

编 号	符号名称	符号式样			多色图色值
		1:500	1:1 000	1:2 000	
5.9.1.3	乡镇级国有农场、林场、牧场、盐场、养殖场	**南坪镇** 正等线体(3.5)			K100
5.9.1.4	村庄(外国村镇) 　a. 行政村,主要集、场、街、圩、坝 　b. 村庄	a　**甘家寨** 正等线体 (3.0) b李家村　张家庄 仿宋体(2.5 3.0)			K100
5.9.2	各种说明注记				
5.9.2.1	居民地名称说明注记 　a. 政府机关 　b. 企业、事业、工矿、农场 　c. 高层建筑、居住小区、公共设施	a　**市民政局** 宋体(3.5) b日光岩幼儿园　**兴隆农场** 宋体(2.5 3.0) c二七纪念墙　**兴庆广场** 宋体(2.5~3.5)			K100
5.9.2.2	性质注记	**砼　松　咸** 细等线体(2.5)			与相应地物符号颜色一致
5.9.2.3	其他说明注记 　a. 控制点点名 　b. 其他地物说明	a　**张湾岭** 细等线体(3.0) b 八号主井　　**自然保护区** 细等线体(2.0~3.5)			与相应地物符号颜色一致

简要说明

　　注记字隔的选择是按该注记所指地物的面积或长度大小而定。各种字隔在同一注记的各名字中均应相等。为便于读图,一般最大字隔不超过字大的5倍。地物延伸较长时,在图上可重复注记名称。

　　注记字向一般为字头朝北图廓直立,但街道名称、公路等级其字向按图5.1所示。

5.9.1　居民地名称注记。

　　居民地名称注记一般采用接近字隔、水平字列或垂直字列注出,必要时也可用雁行字列,其注记位置次序选择按图5.2所示。注记不能遮盖道路交叉处、居民地出入口及其他主要地物。散列式的居民地或居民地范围较大时,可用普通字隔或隔离字隔注出。

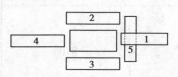

图5.2　注记位置次序

有总名的居民地,其总名、分名一般均应注出。总名的注记位置要适当、醒目。总名用比分名大两级的同字体注出。

居民地无名称时,生产建设兵团的番号等可作为居民地名称。

5.9.1.1—5.9.1.3　乡、镇级以上居民地以行政名称作为正名注出,其名称应与各级政府核定的标准名称一致;如有群众公认的自然名称时,应作为副名用比正名小二级的同体字在正名下方或右方加括号注出。

当城镇居民地同时驻有两级以上政府机关时,名称相同的,按高一级的字体大注出;名称不同的,分别用相应字体字大同时注出。乡、镇以上居民地的名称应以全名注出。

乡镇级以上居民地名称选作图名时,其注记不再加大。

5.9.1.4　村委会所在的村庄,用中等线体字注记,其他村庄按主次和面积大小选用字大。村庄居民地一般注记自然名称。

村庄名称作图名时,其注记字大应按原规定尺寸加大 0.5 mm。

村庄居民地的副名一般不注,但比较著名的应注出。

5.9.2　各种说明注记。

5.9.2.1　指政府机关、工厂、学校、矿区等企业事业单位的名称以及突出的高层建筑物、居住小区、公共设施的名称。名称说明注记按地物等级和面积大小选用字大。

5.9.2.2　地物的属性注记,如砼、钢、混等结构注记,油、煤、陶等工业产品种类注记,桃、油茶、香蕉等各种园地的品种注记,散热、微波等地物分类说明注记,瀑布、砾石、油、水质等各种特殊情况说明注记及各种大面积土质植被在采用注记形式表示时的说明注记,均用2.5 mm 细线等线体注出。注记颜色一般与相应地物符号颜色一致。

5.9.2.3　说明地物的注记,如控制点点名、界碑名以及用轮廓线表示而无记号性符号的地物,如自然保护区、滑梯等,根据地物大小选用字大。

编　号	符号名称	符号式样			多色图色值
		1：500	1：1 000	1：2 000	
5.9.3	地理名称				
5.9.3.1	江、河、运河、渠、湖、水库等水系	延河 渭河 15° 左斜宋体 (2.5 3.0 3.5 4.5 5.0 6.0)			C100
5.9.3.2 1)	地貌 山名、山梁、山峁、高地等	九顶山 骊山 正等线体(3.5 4.0)			K100
2)	其他地理名称(沙地、草地干河床、沙滩等)	铜鼓角 太阳岛 宋体(2.5 3.0 3.5)			K100

续表

编　号	符号名称	符号式样			多色图色值
		1：500	1：1 000	1：2 000	
5.9.3.3 1）	交通 铁路、高速公路、国道、 快速路名称	**宝城铁路 西宝高速公路** 正等线体(4.0)			K100
2）	省、县、乡公路、主干 道、轻轨线路名称	**西铜公路** 正等线体(3.0)			K100
3）	次干道、步行街	太白路 细等线体（2.5）			K100
4）	支道内部路	邮电北巷 细等线体（2.0）			K100
5）	桥梁名称	谢家桥　**长江大桥** 细等线体(2.0　2.5　3.0)			K100
5.9.4	各种数字注记				
5.9.4.1	测量控制点点号及 高程	**I96**　　**25** **96.93**　**96.93** 正等线体(2.5) （罗马数用中宋体）			K100
5.9.4.2	公路技术等级及编号	a　**G322**　①② 正等线体(3.5) b　**S322**　　③ 正等线体(3.0) c　**X322**　　⑨ 正等线体(2.0)			K100

简要说明

5.9.3　地理名称包括水系、地貌、交通和其他地理名称。地理名称一般注当地常用的自然名称。

5.9.3.1　水系名称。

　　海、海湾、海港、江、河、湖、沟渠、水库等名称,按自然形状排列注出,依其面积大小和长度选择字大,但江、河名称的字大上游和支流不能大于下游和主流。名称一般注在河流、湖泊的内部,当内部不能容纳时,可注在外侧。较长的河流每隔 15 ~ 20 cm 重复注记名称;河流水道被沙洲分成若干条,则名称应注在干流中(一般在水道最宽处,且避免将一列注记中的某一字注在沙洲上)。

　　5.9.3.2　地貌。

　　1)山、山梁、峁、高地等名称。

　　按山体大小和著名情况选用字大,山名和峁名一般采用水平字列,接近字隔,注在山顶的右侧或上方,应避免遮盖山顶特征地形。当山顶有高程点时,高程注在山顶左侧。当一个山名包括几个山顶时,则可用隔离字隔注在相应位置上。

　　2)沙地谷地、干河床、干湖、沙滩等其他地理名称。

　　注记一般注在物体的内部或适当位置上,其字大等级按面积大小选择注出。

　　5.9.3.3　交通。

　　铁路、公路、桥梁、街道注记的字向、字序按图 5.1 所示。注记间隔为隔离字隔,字隔应均匀相等,一般应根据道路的长度妥善配置。较长的道路每隔 15 ~ 20 cm 重复注记。

　　5.9.4　各种数字注记。

　　**5.9.4.1　**控制点点名(点号)、高程注记及界碑的数字编号用正等线体注记。

　　**5.9.4.2　**公路技术等级和编号用正等线体字注出,圈一般应大于字大 0.8 m。

编　号	符号名称	符号式样			多色图色值
		1 : 500	1 : 1 000	1 : 2 000	
5.9.4.3	高程、月份、流速、水库库容量、水深注记、房屋层数及其他注记	283.2 正等线体(2.0)	洪113.5 1 986.6 正等线体(2.2)	15° 15 右斜等线体(2.0) 水深小数位(1.4)　　2 正等线体(2.0)	与相应的物符号颜色一致
5.9.4.4	比高、深度	15 长等线体(1.8 × 1.4)			与相应的物符号颜色一致

简要说明

　　**5.9.4.3　**高程点高程、特殊高程点高程及年月、时令月份、流速、水下高程、水深、房屋层数及其他注记用正等线体,转绘海图的水深用右斜等线体字注记。

　　**5.9.4.4　**比高、坑穴深度用长等线体字注记。

第 2 部分
数字化成图

第 6 章　CASS7.0 安装

6.1　CASS7.0 的运行环境

6.1.1　硬件环境

①处理器(CPU):Pentium(r)Ⅲ 或更高版本。

②内存(RAM):256 MB(最少)。

③视频:1 026×768 真彩色(最低)。

④硬盘安装:安装 300 MB。

⑤定点设备:鼠标、数字化仪或其他设备。

⑥CD-ROM:任意速度(仅对于安装)。

6.1.2　软件环境

①操作系统:Microsoft WINDOWS NT 4.0 SP 6a 或更高版本:

Microsoft WINDOWS 9X

Microsoft WINDOWS 2000

Microsoft WINDOWS XP Professional

Microsoft WINDOWS XP Home Edition

Microsoft WINDOWS XP Tablet PC Edition

②浏览器:Microsoft Internet EXplorer 6.0 或更高版本。

③平台:AutoCAD 2002、AutoCAD 2004、AutoCAD 2005、AutoCAD 2006。

④文档及表格处理:Microsoft Office 2000 或更高版本。

6.2　CASS7.0 的安装

6.2.1　AutoCAD 2006 的安装

AutoCAD 2006 是美国 AUTODESK 公司的产品,用户需找相应代理商自行购买。

AutoCAD 2006 的主要安装过程如下:

①AutoCAD 2006 软件光盘放入光驱后执行安装程序,AutoCAD 将出现如图 6.1 所示的信息。启动安装向导程序。

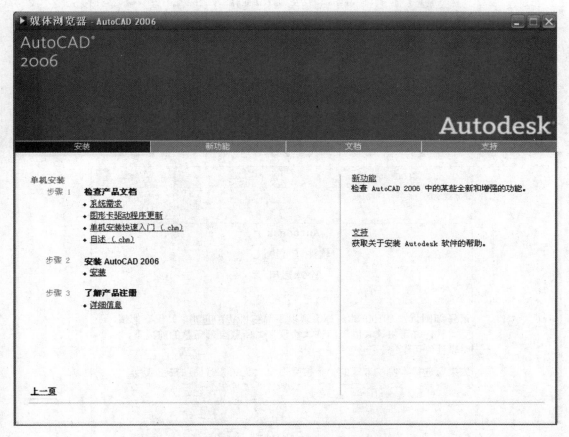

图 6.1　安装向导窗口

②稍等片刻后,弹出如图 6.2 所示的信息。响应后单击"下一步(N)"按钮,弹出如图 6.3 所示的信息。

③如图 6.3 所示界面询问用户是否接受 AUTODESK 软件许可协议:"打印""我接受"和"我拒绝",单击"我接受"接受许可。响应后单击"下一步(N)"按钮,得到图 6.4。

④按图 6.4 所示的信息,要求用户键入软件的序列号。响应后单击"下一步(N)"按钮,弹出如图 6.5 所示的信息。

⑤如图 6.5 所示的界面要求用户确定此软件使用者的姓名、单位名称、软件销售商的名称及其电话。在相应位置键入相应内容后单击"下一步(N)"按钮,得到图 6.6。

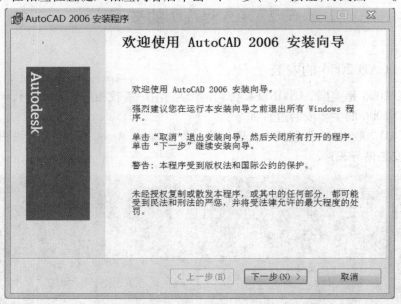

图 6.2　欢迎窗口

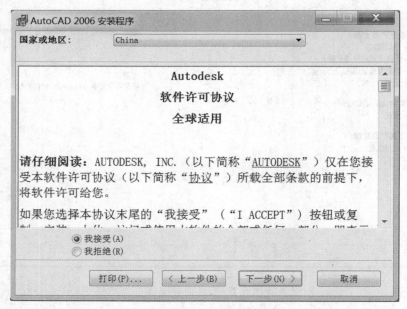

图 6.3　软件许可协议窗口

⑥图 6.6 要求确定 AutoCAD 2006 的安装类型。用户可以在典型和自定义两种类型之间选择一种进行安装。如果是使用 CASS7.0 软件,应选择自定义并选定所有的安装选项。单击"下一步(N)"后,将得到图 6.7。

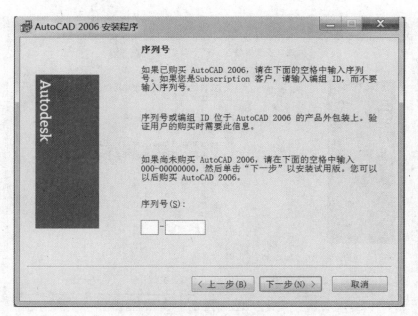

图 6.4 序列号窗口

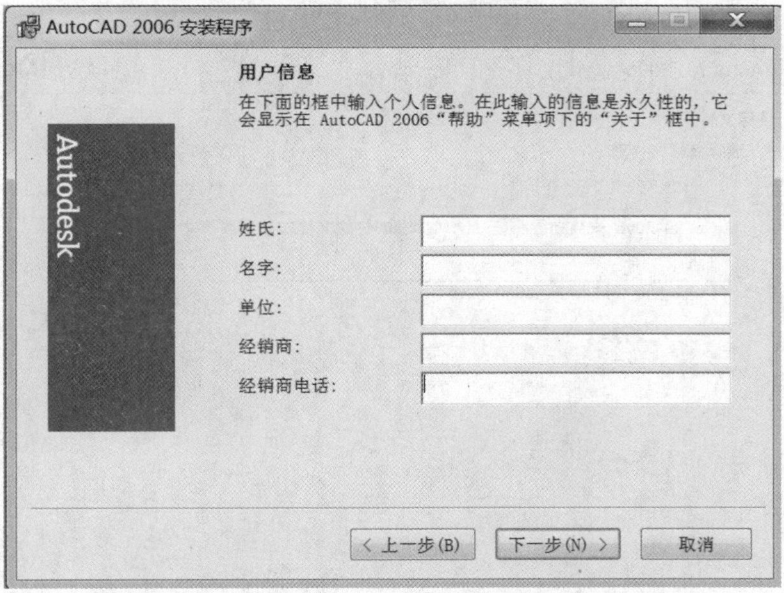

图 6.5 用户信息窗口

⑦在图 6.7 中确定 AutoCAD 2006 软件的安装位置(文件夹)。AutoCAD 给出了默认的安装位置 C:\program Files\AutoCAD 2006,用户也可以通过单击"浏览"按钮从弹出的对话框中修改软件的安装路径。单击磁盘需求查看系统磁盘的信息。如果已选择好了文件夹,则可以单击"下一步(N)"按钮,得到图 6.8。

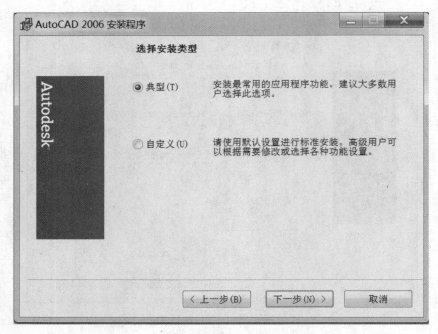

图 6.6　安装类型窗口

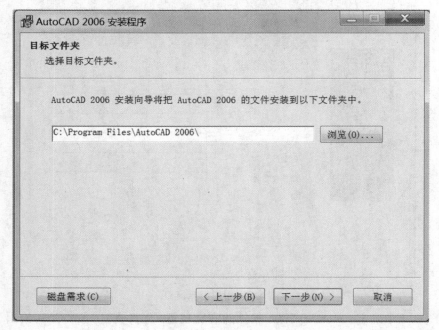

图 6.7　安装路径窗口

⑧单击图 6.8 中的"下一步(N)"按钮,AutoCAD 2006 开始安装,并显示与图 6.9 相类似的提示信息。

软件安装结束后,AutoCAD 给出如图 6.10 所示的信息,单击"完成"按钮,会打开说明文件。如果不选中"是,我想现在阅读自述文件的内容"复选框,关闭说明文件安装完毕。如果是在 Windows 9X 或者是 Windows 2000 系统上安装 AutoCAD 2006,AutoCAD 直接给出如图

6.11 所示的信息,单击"是(Y)"按钮,会自动重新启动计算机。如果此时选择不重新启动计算机也可以运行 AutoCAD 2006,但有可能出现某些动态链接库(DLL)找不到的情况,此时必须重新启动计算机。

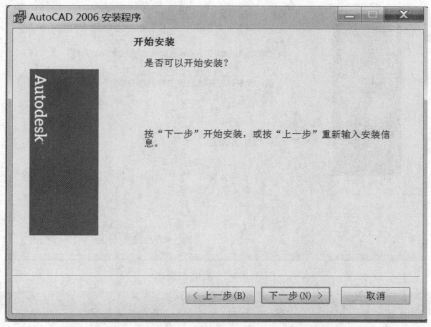

图 6.8　安装信息确认窗口

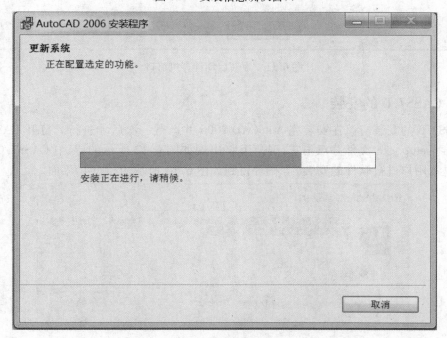

图 6.9　安装提示窗口

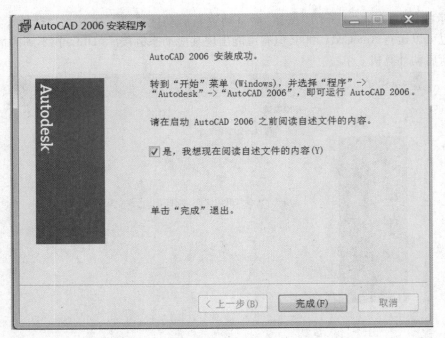

图 6.10　安装结束窗口

图 6.11　重新启动计算机窗口

6.2.2　CASS7.0 的安装

CASS7.0 的安装应该在安装完 AutoCAD 2006 并运行一次后才进行。打开 CASS7.0 文件夹,找到 setup. exe 文件并双击它,屏幕上将出现如图 6.12 所示的界面(CASS7.0 的安装向导将提示用户进行软件的安装)。稍等得到如图 6.13 所示的"欢迎"界面。

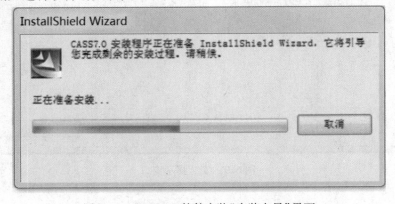

图 6.12　CASS7.0 软件安装"安装向导"界面

图 6.13　CASS7.0 软件安装"欢迎"界面

在图 6.13 中单击"下一步"按钮，得到如图 6.14 所示的界面。

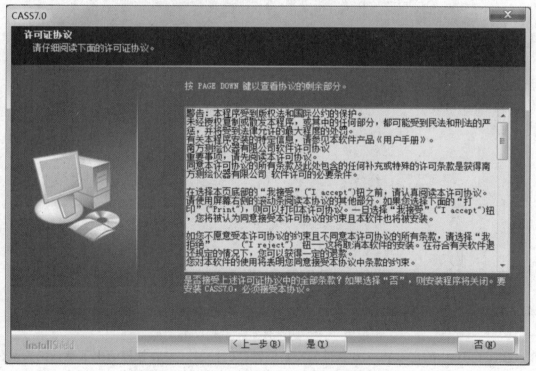

图 6.14　CASS7.0 软件安装"产品信息"界面

在图 6.14 中单击"下一步"按钮,得到如图 6.15 所示的界面。

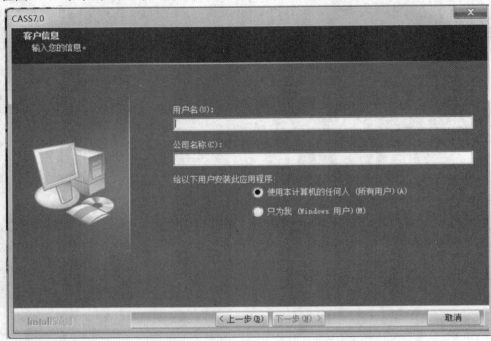

图 6.15 输入客户信息

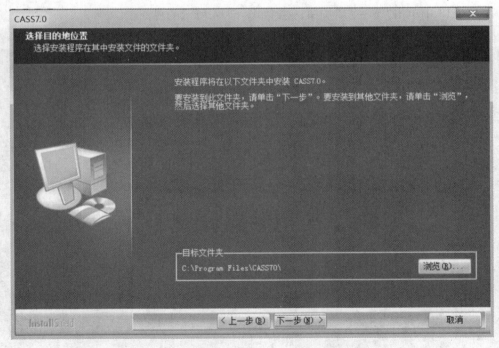

图 6.16 CASS7.0 软件安装"路径设置"界面

在图 6.16 中确定 CASS7.0 软件的安装位置(文件夹)。安装软件给出了默认的安装位置 C:\program Files\CASS7.0,用户也可以通过单击"浏览"按钮从弹出的对话框中修改软件的安装路径,要注意 CASS7.0 系统必须安装在根目录的 CASS7.0 子目录下。如果已选择好了安装路径,则可以单击"下一步"按钮开始进行安装。安装过程中自动弹出软件狗的驱动程序安装向导,如图 6.17 所示。

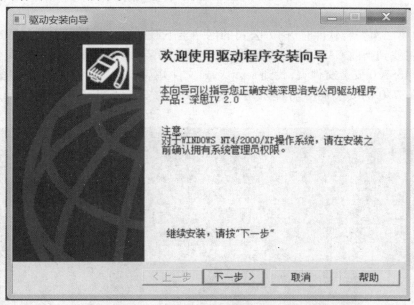

图 6.17　CASS7.0 软件狗驱动程序安装向导

安装完成后屏幕弹出如图 6.18 所示的界面,单击"完成"按钮,结束 CASS7.0 的安装。

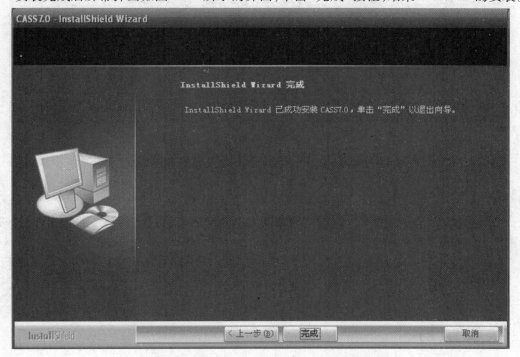

图 6.18　CASS7.0 软件安装"安装完成"界面

6.3 CASS7.0 更新

当用户第二次安装软件时(南方公司的网站上下载的补丁程序的安装过程中无须人工干预,程序将找到当前 CASS 的安装路径,自动完成安装),CASS 软件提供了安全的升级方式。打开 CASS7.0 安装文件夹,找到 setup. exe 文件并双击它,屏幕上将出现如图 6.12 所示的界面(CASS7.0 的安装向导将提示用户进行软件的安装)。稍等得到如图 6.19 所示的界面。

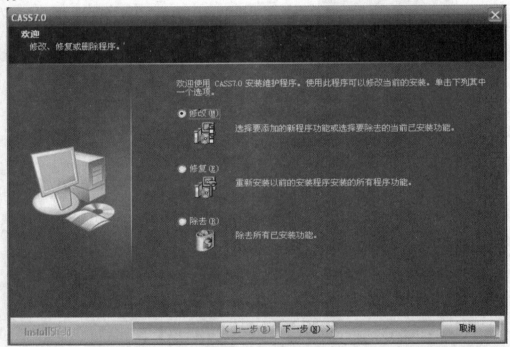

图 6.19 CASS7.0 软件安装"修改、修复或删除"界面

用户可以根据自己的情况选择不同的选项,下面将分别介绍各选项的操作步骤。

6.3.1 修改(M)

选择要添加的新程序组件或选择要删除的当前已安装组件。选择该项,单击"下一步"按钮得到如图 6.20 所示的界面。

根据情况选择要增加或要删除的程序,单击"下一步"按钮继续运行程序。软件执行操作,得到如图 6.21 所示的界面。

软件自动根据用户的选项完成相应的操作。

6.3.2 修复(E)

重新安装以前的安装程序所安装的所有程序组件。选择该项,单击"下一步"按钮得到如图 6.22 所示的界面。

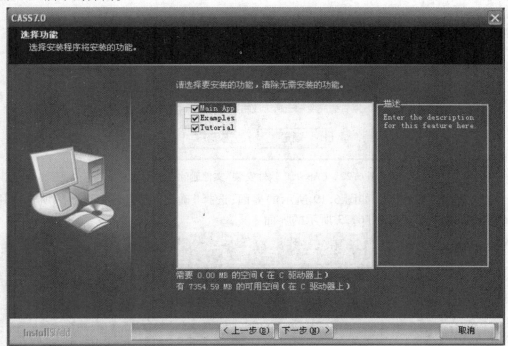

图 6.20　CASS7.0 软件安装"选择组件"界面

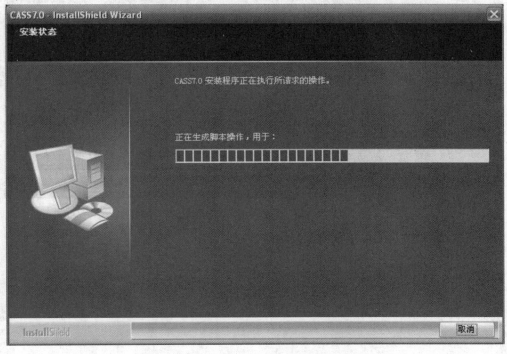

图 6.21　CASS7.0 软件安装"安装状态"界面

该选项将根据用户以前选择的安装组件重新安装 CASS7.0 软件,完成后得到如图 6.21

所示的界面。

6.3.3 删除(R)

删除所有已安装组件。选择该项,单击"下一步"按钮得到如图6.22所示的对话框。

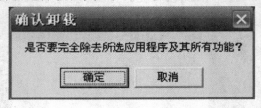

图6.22 CASS7.0软件安装"文件删除"对话框

选择"取消"按钮回到如图6.19所示的界面;选择"确定"按钮将完全删除所选应用程序及其所有组件,得到如图6.23所示的界面。

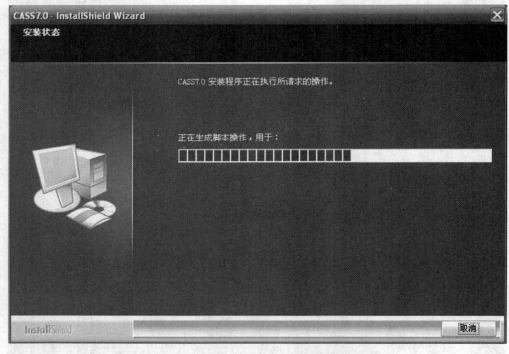

图6.23 CASS7.0软件安装"文件删除"界面

软件完全删除所选的应用程序及其组件。

第 7 章　CASS7.0 快速入门

本章将介绍一个简单完整的实例,通过学习这个例子,初级学习者就可以轻轻松松地进入 CASS 的大门。

CASS7.0 安装之后,我们就开始学习如何做一幅简单的地形图。本章以一个简单的例子来演示地形图的成图过程;CASS7.0 成图模式有多种,这里主要介绍"点号定位"的成图模式。例图的路径为 C:\CASS7.0\DEMO\STUDY.DWG(以安装在 C 盘为例)(图 7.1)。初学者依照下面的步骤来练习,可以在短时间内学会作图。

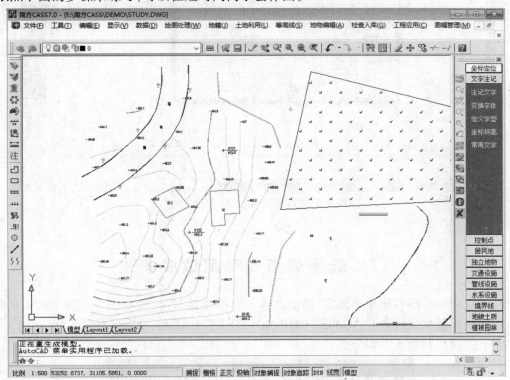

图 7.1　例图 STUDY.DWG

7.1　定显示区

定显示区就是通过坐标数据文件中的最大、最小坐标定出屏幕窗口的显示范围。

进入 CASS7.0 主界面,鼠标单击"绘图处理"项,即出现如图 7.2 所示的下拉菜单。然后移

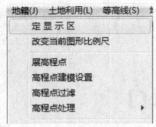

图 7.2 "定显示区"菜单

至"定显示区"项,使之以高亮显示,按左键,即出现一个如图 7.3 所示的对话窗。这时,需要输入坐标数据文件名。可参考 Windows 选择打开文件的方法操作,也可直接通过键盘输入,在"文件名(N):"(即光标闪烁处)输入 C:\CASS7.0\DEMO\STUDY.DAT,再移动鼠标至"打开(O)"处,按左键。这时,命令区显示:

最小坐标(米):X=31 056.221,Y=53 097.691

最大坐标(米):X=31 237.455,Y=53 286.090

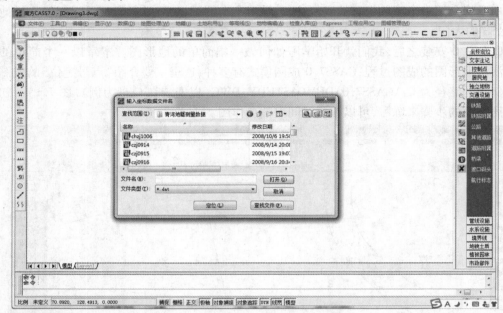

图 7.3 选择"定显示区"数据文件

7.2 选择测点点号定位成图法

移动鼠标至屏幕右侧菜单区之"测点点号"项,按左键,即出现如图 7.4 所示的对话框。输入点号坐标数据文件名 C:\CASS7.0\DEMO\STUDY.DAT 后,命令区提示:

读点完成!共读入 106 个点。

图 7.4 选择"点号定位"数据文件

7.3　展　　点

先移动鼠标至屏幕的顶部菜单"绘图处理"项，按左键，这时系统弹出一个下拉菜单。再移动鼠标选择"绘图处理"下的"展野外测点点号"项，如图7.5所示，按左键后，便出现如图7.3所示的对话框。

输入对应的坐标数据文件名 C：\CASS7.0\DEMO\STUDY.DAT 后，便可在屏幕上展出野外测点的点号，如图7.6所示。

图7.5　选择"展野外测点点号"

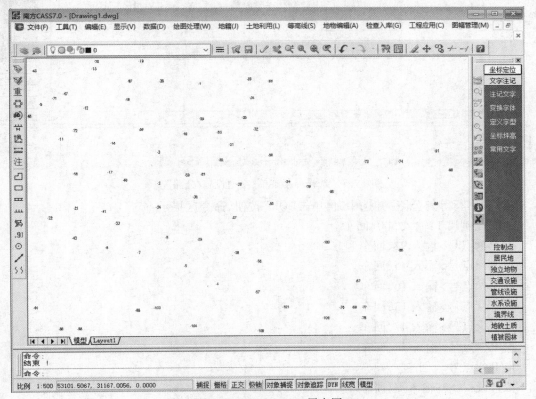

图7.6　STUDY.DAT 展点图

7.4　绘平面图

下面，可以灵活使用工具栏中的缩放工具进行局部放大以方便编图。我们先把左上角放大，选择右侧屏幕菜单的"交通设施/公路"按钮，弹出如图7.7所示的界面。

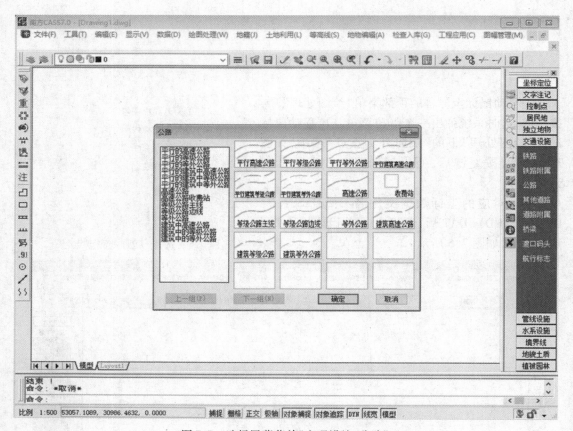

图 7.7　选择屏幕菜单"交通设施/公路"

找到"平行等外公路"并选中,再单击"OK"按钮,命令区提示:

绘图比例尺 1:输入 500,回车。

点 P/<点号>输入 92,回车。

点 P/<点号>输入 45,回车。

点 P/<点号>输入 46,回车。

点 P/<点号>输入 13,回车。

点 P/<点号>输入 47,回车。

点 P/<点号>输入 48,回车。

点 P/<点号>,回车。

拟合线<N>? 输入 Y,回车。

说明:输入 Y,将该边拟合成光滑曲线;输入 N(缺省为 N),则不拟合该线。

1. 边点式/2. 边宽式<1>:回车(默认 1)

说明:选 1(缺省为 1),要求输入公路对边上的一个测点;选 2,要求输入公路宽度。

对面一点

点 P/<点号>输入 19,回车。

这时平行等外公路就作好了,如图 7.8 所示。

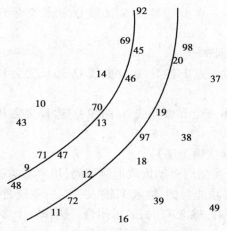

图 7.8　作好一条平行等外公路

下面作一个多点房屋。选择右侧屏幕菜单的"居民地/一般房屋"选项,弹出如图 7.9 所示的界面。

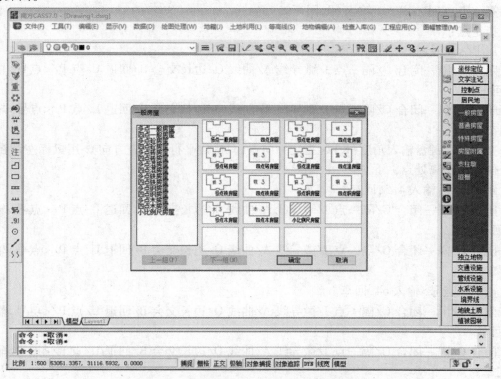

图 7.9　选择屏幕菜单"居民地/一般房屋"

先用鼠标左键选择"多点砼(混凝土)房屋",再单击"OK"按钮。命令区提示:

第一点:点 P/<点号>输入 49,回车。

指定点:点 P/<点号>输入 50,回车。

闭合 C/隔一闭合 G/隔一点 J/微导线 A/曲线 Q/边长交会 B/回退 U/点 P/<点号>输入 51,回车。

闭合 C/隔一闭合 G/隔一点 J/微导线 A/曲线 Q/边长交会 B/回退 U/点 P/<点号>输入 J,回车。

点 P/<点号>输入 52,回车。

闭合 C/隔一闭合 G/隔一点 J/微导线 A/曲线 Q/边长交会 B/回退 U/点 P/<点号>输入 53,回车。

闭合 C/隔一闭合 G/隔一点 J/微导线 A/曲线 Q/边长交会 B/回退 U/点 P/<点号>输入 C,回车。

输入层数:<1>回车(默认输 1 层)。

说明:选择多点混凝土房屋后自动读取地物编码,用户不需逐个记忆。从第三点起弹出许多选项,这里以"隔一点"功能为例,输入 J,输入一点后系统自动算出一点,使该点与前一点及输入点的连线构成直角。输入 C 时,表示闭合。再作一个多点混凝土房,熟悉一下操作过程。命令区提示:

Command:dd

输入地物编码:<141111>141111

第一点:点 P/<点号>输入 60,回车。

指定点:

点 P/<点号>输入 61,回车。

闭合 C/隔一闭合 G/隔一点 J/微导线 A/曲线 Q/边长交会 B/回退 U/点 P/<点号>输入 62,回车。

闭合 C/隔一闭合 G/隔一点 J/微导线 A/曲线 Q/边长交会 B/回退 U/点 P/<点号>输入 a,回车。

微导线—键盘输入角度(K)/<指定方向点(只确定平行和垂直方向)>用鼠标左键在 62 点上侧一定距离处点一下。

距离<m>:输入 4.5,回车。

闭合 C/隔一闭合 G/隔一点 J/微导线 A/曲线 Q/边长交会 B/回退 U/点 P/<点号>输入 63,回车。

闭合 C/隔一闭合 G/隔一点 J/微导线 A/曲线 Q/边长交会 B/回退 U/点 P/<点号>输入 J,回车。

点 P/<点号>输入 64,回车。

闭合 C/隔一闭合 G/隔一点 J/微导线 A/曲线 Q/边长交会 B/回退 U/点 P/<点号>输入 65,回车。

闭合 C/隔一闭合 G/隔一点 J/微导线 A/曲线 Q/边长交会 B/回退 U/点 P/<点号>输入 C,回车。

输入层数:<1>输入 2,回车。

说明:"微导线"功能由用户输入当前点至下一点的左角(度)和距离(米),输入后软件将计算出该点并连线。要求输入角度时若输入 K,则可直接输入左向转角,若直接用鼠标单击,只可确定垂直和平行方向。此功能特别适合知道角度和距离但看不到点的位置的情况,如房角点被树或路灯等障碍物遮挡时。

两栋房子和平行等外公路"建"好后,效果如图 7.10 所示。

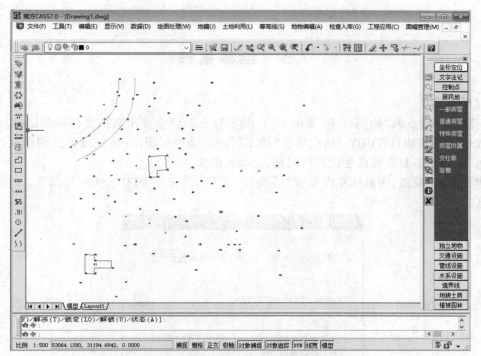

图 7.10　"建"好两栋房子和平行等外公路

类似以上操作,分别利用右侧屏幕菜单绘制其他地物。

在"居民地"菜单中,用 3,39,16 三点完成利用三点绘制两层砖结构的四点房;用 68, 67,66 绘制不拟合的依比例围墙;用 76,77,78 绘制四点棚房。

在"交通设施"菜单中,用 86,87,88,89,90,91 绘制拟合的小路;用 103,104,105,106 绘制拟合的不依比例乡村路。

在"地貌土质"菜单中,用 54,55,56,57 绘制拟合的坎高为 1 m 的陡坎;用 93,94,95,96 绘制不拟合的坎高为 1 m 的加固陡坎。

在"独立地物"菜单中,用 69,70,71,72,97,98 分别绘制路灯;用 73,74 绘制宣传橱窗; 用 59 绘制不依比例肥气池。

在"水系设施"菜单中,用 79 绘制水井。

在"管线设施"菜单中,用 75,83,84,85 绘制地面上输电线。

在"植被园林"菜单中,用 99,100,101,102 分别绘制果树独立树;用 58,80,81,82 绘制菜地(第 82 号点之后仍要求输入点号时直接回车),要求边界不拟合,并且保留边界。

在"控制点"菜单中,用 1,2,4 分别生成埋石图根点,在提问"点名.等级:"时分别输入 D121,D123,D135。

图 7.11　STUDY 的平面图

最后选取"编辑"菜单下的"删除"二级菜单下的"删除实体所在图层",鼠标符号变成了一个小方框,用左键点取任何一个点号的数字注记,所展点的注记将被删除。

作好后的平面图效果如图 7.11 所示。

7.5　绘等高线

1）展高程点

用鼠标左键点取"绘图处理"菜单下的"展高程点",将会弹出数据文件的对话框。找到 C:\CASS7.0\DEMO\STUDY.DAT,单击"确定"按钮,命令区提示:注记高程点的距离(米): 直接回车,表示不对高程点注记进行取舍,全部展出来。

建立 DTM 模型:用鼠标左键点取"等高线"菜单下"建立 DTM",弹出如图 7.12 所示的 对话框。

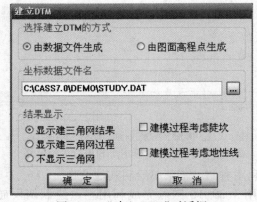

图 7.12　"建立 DTM"对话框

根据需要选择建立 DTM 的方式和坐标数据文件名,然后选择建模过程是否考虑陡坎和 地性线,单击"确定"按钮,生成如图 7.13 所示的 DTM 模型。

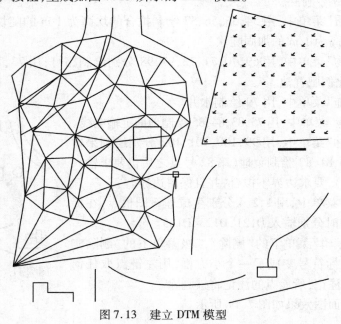

图 7.13　建立 DTM 模型

2) 绘等高线

用鼠标左键点取"等高线/绘制等高线"，弹出如图 7.14 所示的对话框。

图 7.14　"绘制等高线"对话框

　　输入等高距后选择拟合方式，单击"确定"按钮，则系统马上绘制出等高线。再选择"等高线"菜单下的"删三角网"，这时屏幕显示如图 7.15 所示。

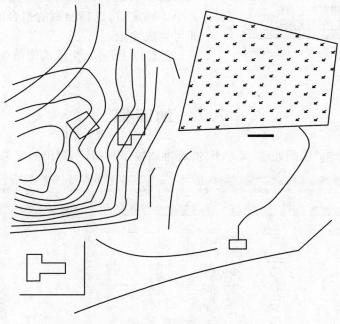

图 7.15　绘制等高线

3) 等高线的修剪

利用"等高线"菜单下的"等高线修剪"二级菜单，如图 7.16 所示。

图 7.16　"等高线修剪"菜单

用鼠标左键点取"切除穿建筑物等高线",软件将自动搜寻穿过建筑物的等高线并将其进行整饰。点取"切除指定二线间等高线",依提示依次用鼠标左键选取左上角的道路两边,CASS7.0 将自动切除等高线穿过道路的部分。点取"切除穿高程注记等高线",CASS7.0 将自动搜寻,把等高线穿过注记的部分切除。

7.6　加注记

下面我们演示在平行等外公路上加"经纬路"3个字。用鼠标左键点取右侧屏幕菜单的"文字注记"项,弹出如图7.17所示的界面。

首先,在需要添加文字注记的位置绘制一条拟合的多功能复合线。然后,在注记内容中输入"经纬路"并选择注记排列和注记类型,输入文字大小。确定后,选择绘制的拟合的多功能复合线,即可完成注记。

经过以上各步,生成的图就如图7.1所示。

图 7.17　弹出"文字注记"对话框

7.7　加图框

用鼠标左键单击"绘图处理"菜单下的"标准图幅(50×40)",弹出如图7.18所示的界面。

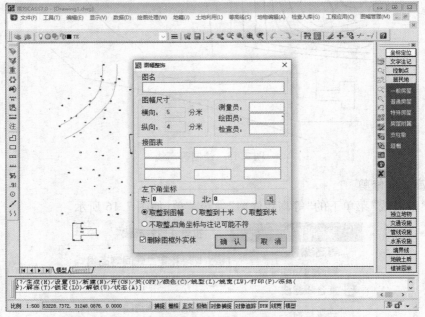

图 7.18　输入图幅信息

在"图名"栏里,输入"建设新村";在"测量员""绘图员""检查员"各栏里分别输入"张三""李四""王五";在"左下角坐标"的"东""北"栏内分别输入"53073""31050";在"删除图框外实体"栏前打"√",然后单击"确认"按钮。这样这幅图就作好了,如图 7.19 所示。

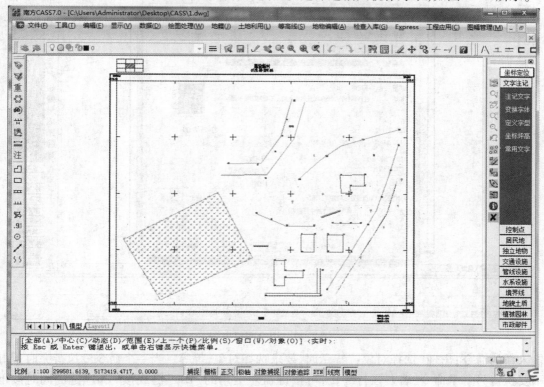

图 7.19　加图框

另外,可以将图框左下角的图幅信息更改成符合需要的字样,可以将图框和图章用户化。

7.8　绘　图

用鼠标左键点取"文件"菜单下的"用绘图仪或打印机出图",进行绘图。

选好图纸尺寸、图纸方向之后,用鼠标左键单击"窗选"按钮,用鼠标圈定绘图范围。将"打印比例"一项选为"2∶1"(表示满足 1∶500 比例尺的打印要求),通过"部分预览"和"全部预览"可以查看出图效果,满意后就可单击"确定"按钮进行绘图了。

当用户一步一步地按着上面的提示操作,到现在就可以看到第一份成果了(图 7.20)。

在操作过程中要注意以下事项。

千万别忘了存盘(其实在操作过程中也要不断地进行存盘,以防操作不慎导致丢失)。正式工作时,最好不要把数据文件或图形保存在 CASS7.0 或其子目录下,应该创建工作目录。例如,在 C 盘根目录下创建 DATA 目录存放数据文件,在 C 盘根目录下创建 DWG 目录存放图形文件。

在执行各项命令时,每一步都要注意看下面命令区的提示,当出现"命令:"提示时,要求

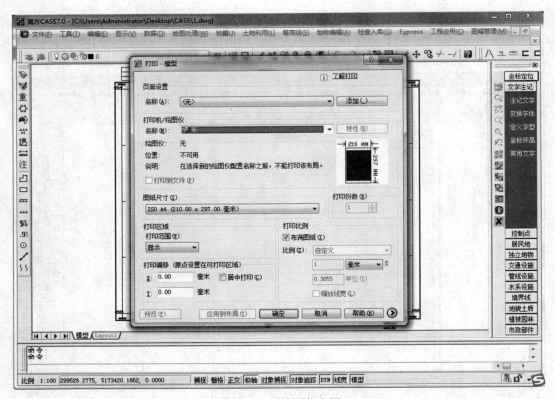

图 7.20　用绘图仪出图

输入新的命令;出现"选择对象:"提示时,要求选择对象,等等。当一个命令没执行完时最好不要执行另一个命令,若要强行终止,可按键盘左上角的"Esc"键或按"Ctrl"键的同时按下"C"键,直到出现"命令:"提示为止。

在作图过程中,要常常用到一些编辑功能,如删除、移动、复制、回退等。

有些命令有多种执行途径,可根据用户自己的喜好灵活选用快捷工具按钮、下拉菜单或在命令区输入命令。

第 **8** 章　测制地形图

前面章节已经介绍了 CASS7.0 作为一个综合性数字化测图软件的特点、功能和基本操作方法,这些内容是从整体上掌握 CASS7.0 时必不可少的。而从本章开始,我们将以专题应用为主线向使用者介绍 CASS7.0 在各项数字化测图与管理工作中的具体工作方法。

CASS7.0 系统提供了"内外业一体化成图""电子平板成图"和"老图数字化成图"等多种成图作业模式。本章主要介绍"内外业一体化"的成图作业模式。

本章根据数字化测图的特点介绍用 CASS7.0 测绘地形图的方法。与 CASS 以前版本类似,内容包括测区首级控制、图根控制、测区分幅、碎部测量、人员安排等,最后利用 CASS7.0 绘制一幅地形图。本章将用到 CASS7.0 本身提供的演示数据文件 YMSJ.DAT,WMSJ.DAT,DGX.DAT。

通过本章的学习,将学会以下内容:

①数字化测图的准备工作(包括测区控制、碎部测量、测区分幅、人员安排等)。

②绘制平面图。

③绘制等高线(绘制地形图)。

④图形编辑(包括常用编辑、图形分幅、图幅整饰等)。

⑤地形测图的基本技巧。

8.1　准　备

8.1.1　控制测量和碎部测量原则

当在一个测区内进行等级控制测量时,应尽可能多地选制高点(如山顶或楼顶),在规范或甲方允许范围内布设最大边长,以提高等级控制点的控制效率。完成等级控制测量后,可用辐射法布设图根点,点位及点之密度完全按需要而测设,灵活多变。

如图 8.1 所示,对整个 9 幅图 2.25 km^2 来说,总共布设了 49 个控制点,除去图幅外的点,平均每幅图最多 5 个控制点。

在进行碎部测量时,对于比较开阔的地方,在一个制高点上可以测完大半幅图,就不要因为距离"太远"而忙于搬站,如图 8.2 所示。对于比较复杂的地方,就不要因为"麻烦"而不愿搬站,要充分利用电子手簿的优势和全站仪的精度,测一个支导线点是很容易的,如图8.3 所示。

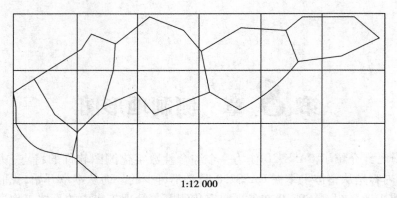

1:12 000

图 8.1　某数字化测图工程的控制网略图

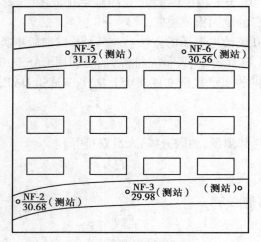

图 8.2　利用制高点可能少搬站

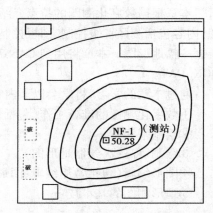

图 8.3　地物较多时可能要经常搬站

8.1.2　测区分幅及进程

平板测图是把测区按标准图幅划分成若干幅图,再一幅一幅往下测,如图 8.4 所示。

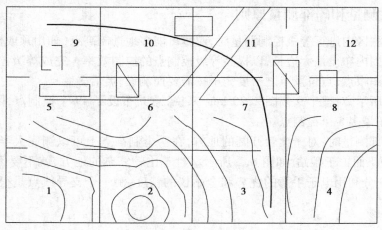

图 8.4　平板测图的分幅

数字化测图是以路、河、山脊等为界线，以自然地块进行分块测绘，如图 8.5 所示。例如，有甲、乙两个作业小队，甲队负责路南区域，乙队负责路北区域(包括公路)。甲队再以山谷和河为界，乙队再以公路和河为界，分块、分期测绘。

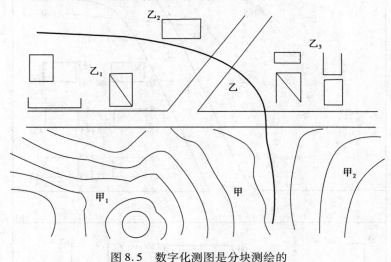

图 8.5　数字化测图是分块测绘的

8.1.3　碎部测量

数字化测图的碎部测量数据采集一般用全站仪或速测仪等电子仪器进行，工作时应将全站仪与南方电子手簿用数据传输电缆正确地连接。当地物比较规整时，如图 8.6、表 8.1 所示，可以采用"简码法"模式，在现场可输入简码，室内自动成图；当地物比较杂乱时，如图 8.7 所示，最好采用"草图法"模式，现场绘制草图，室内用编码引导文件(如表 8.2 所示的样本)或用测点点号定位方法进行成图。

表 8.1　草图的简码表

1	F2	14	F2	27	F2	40	7-
2	+	15	+	28	+	41	5-
3	A70	16	F2	29	11+	42	3-
4	K0	17	+	30	20-	43	12-
5	F2	18	9+	31	8-	44	-
6	+	19	A26	32	F2	45	A70
7	F2	20	A26	33	+	46	X0
8	+	21	9-	34	8-	47	D3
9	4-	22	F2	35	F2	48	1+
10	8-	23	+	36	+	49	1+
11	F2	24	9-	37	9-	50	1+
12	+	25	F2	38	F2	51	1+
13	7-	26	+	39	+	52	1P

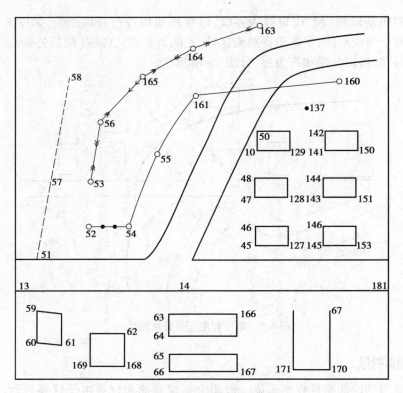

图 8.6　地物比较规整的情况

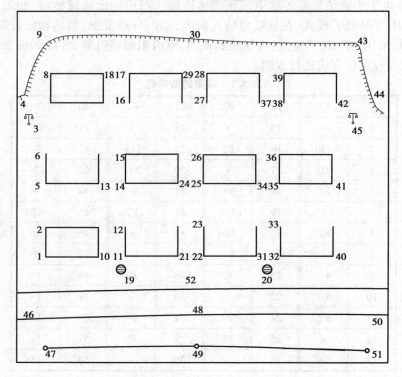

图 8.7　地物比较杂乱的情况

表 8.2　编码引导文件的样本

D1,53,56,165,164,163
D3,52,54,55,161,160
X2,51,57,58
X0,13,14,181
F2,46,45,127
⋮
F2,67,170,171
A30,137

当所测地物比较复杂时,如图 8.8 所示,为了减少镜站数,提高效率,可适当采用皮尺丈量方法测量,室内用交互编辑方法成图。需要注意的是,待测点的高程不参加高程模型的计算时,在 CASS7.0 中,可在利用“绘图处理”—“高程点建模设置”功能,将是否参加建模一项设置为“不参加建模”即可,设置方法如图 8.9 所示。

图 8.8　复杂地物可用皮尺丈量方法测量

	点名	编码	参加建模	展高程	东坐标	北坐标	高程
1	1		是	是	53414.28	31421.88	39.555
2	2		是	是	53387.8	31425.02	36.8447
3	3		是	是	53359.06	31426.62	31.225
4	4		是	是	53348.04	32425.53	27.416
5	5		是	是	53344.57	31440.31	27.7945
6	6		是	是	53352.89	31454.84	28.4999
7	7		是	是	53402.88	31442.45	37.951
8	8		是	是	53393.47	31393.86	32.5395
9	9		是	是	53358.85	31387.57	29.426
10	10		是	是	53358.59	31376.62	29.223
11	11		是	是	533548.66	31364.21	28.2538
12	12		是	是	53362.8	31340.89	26.8212
13	13		是	是	53335.73	31347.62	26.2299
14	14		是	是	53331.84	31362.69	26.6612
15	15		是	是	53351.82	31402.35	28.4848
16	16		是	是	53335.09	31399.61	26.6922
17	17		是	是	53331.15	31333.34	24.6894
18	18		是	是	53344.1	31322.26	24.3684
19	19		是	是	53326.8	31381.66	26.7581
20	20		是	是	53396.59	31331.42	28.7137
21	21		是	是	53372.7	31317.25	25.8215
22	22		是	是	53404.54	31313.74	26.9055

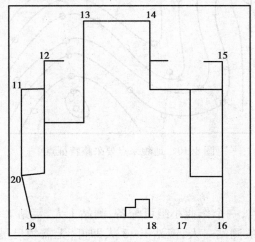

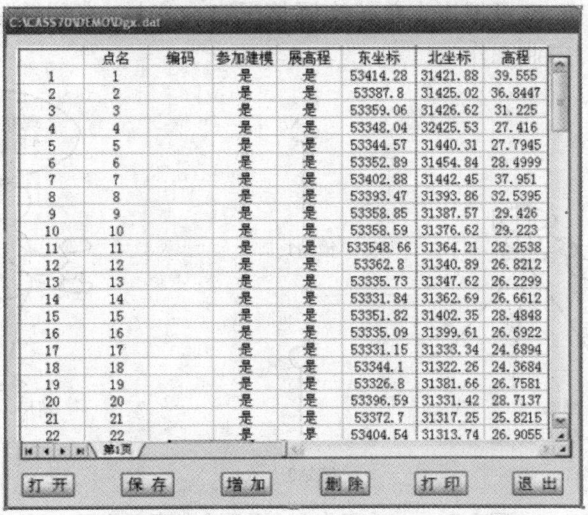

图 8.9　高程点建模设置

注:在6.1以下版本则应在数据采集过程中对高程是否参加建模予以控制,在NFSB上,将觇标高置为0,则待测点的高程就自动为零;若使用测图精灵采集,则在同步采集面板上选择"不参加建模"选项,则建模中这些点的高程不参加建模计算。

在进行地貌采点时,可以用多镜测量,一般在地性线上要采集足够密度的点,尽量多观测特征点。如图8.10所示,在沟底测了一排点,也应该在沟边再测一排点,这样生成的等高线才真实;而在测量陡坎时,最好坎上、坎下同时测点,这样生成的等高线才能真实地反映实际地貌。在其他地形变化不大的地方,可以适当放宽采点密度。

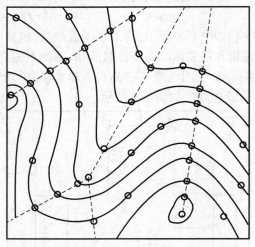

图8.10　地貌采点要采集特征点

8.1.4　人员安排

根据CASS7.0的特点,一个作业小组可配备:测站1人,镜站1～3人,领尺员两人;如果配套使用测图精灵,则一般测站一人,镜站1～3人即可,无需领尺员。如图8.11所示,根据地形情况,镜站可用单人或多人。领尺员负责画草图和室内成图,是核心成员,一般外业一天、内业一天,两人轮换,也可根据本单位实际情况自由安排(有些单位在任务紧时,白天进行外业工作,晚上进行内业工作)。

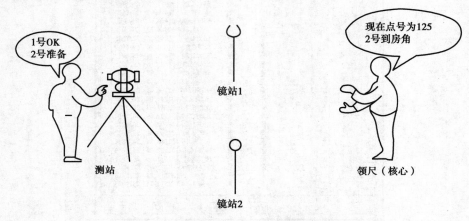

图8.11　一小组作业人员配备情况示意图

需要注意的是,领尺员必须与测站保持良好的通信联系(可通过对讲机),使草图上的点号与手簿上的点号一致。

8.1.5　文件管理

数字化测图的内业处理涉及的数据文件较多。因此,进入 CASS7.0 成图系统后,使用者将面临输入各种各样的文件名的情况。所以,使用者最好养成一套较好的命名习惯,以减少内业工作中不必要的麻烦。建议使用者采用如下的命名约定。

1)简编码坐标文件

①手簿传输到计算机中带简编码的坐标数据文件,建议采用 *JM. DAT 格式。

②由内业编码引导后生成的坐标数据文件,建议采用 *YD. DAT 格式。

2)坐标数据文件

坐标数据文件指由手簿传输到计算机的原始坐标数据文件的一种,建议采用 *. DAT 格式。

3)引导文件

引导文件指由作业人员根据草图编辑的引导文件,建议采用 *. YD 格式。

4)坐标点(界址点)坐标文件

坐标点坐标文件指由手簿传输到计算机的原始坐标数据文件的一种,建议采用 *. DAT 格式。

5)权属引导信息文件

权属引导信息文件指作业人员在作权属地籍图时根据草图编辑的权属引导信息文件,建议采用 *DJ. YD 格式。

6)权属信息文件

权属信息文件指由权属合并或由图形生成权属形成的文件,建议采用 *. QS 格式。

7)图形文件

所有在 CASS7.0 绘图系统生成的图形文件,规定采用 *. DWG 格式。

8.2　绘制平面图

对于图形的生成,CASS7.0 提供了"草图法""简码法""电子平板法""数字化仪录入法"等多种成图作业方式,并可实时地将地物定位点和邻近地物(形)点显示在当前图形编辑窗口中,操作十分方便。通过本节的学习,使用者将学会运用 CASS7.0 绘平面图的常用方法。

首先,要确定计算机内是否有使用者要处理的坐标数据文件(即使用者是否将野外观测的坐标数据从电子手簿或带内存的全站仪传到计算机上来)。如果没有,则要进行数据通信。

8.2.1 数据通信

数据通信的作用是完成电子手簿或带内存的全站仪与计算机两者之间的数据相互传输。

南方公司开发的电子手簿的载体有 PC-E500，HP2110，MG（测图精灵）。

1）与 PC-E500 电子手簿通信

数据可以由 PC-E500 向计算机传输，将数据存在计算机的硬盘供计算机后处理；也可以将计算机中的数据由计算机向 PC-E500 传输（如将在计算机平差好的已知点数据传给 PC-E500）。

进行数据通信操作之前，首先在使用者的电子手簿（PC-E500）与计算机的串口之间用 E5-232C 电缆连上。然后，打开使用者的计算机进入 Windows 系统，双击 CASS7.0 的图标或单击 CASS7.0 的图标再按回车键，即可进入 CASS 系统。此时，屏幕上将出现系统操作界面。

①移动鼠标至"数据处理"处按左键，便出现如图 8.12 所示的下拉菜单。

要注意的是，使用热键"Alt+D"也是可以执行这一功能的，即在按下"Alt"键的同时按下"D"键。

②移动鼠标至"数据通信"项的"读取全站仪数据"项，该处以高亮度（深蓝）显示，按左键，这时，便出现如图 8.13 所示的对话框。

图 8.12　数据处理的下拉菜单

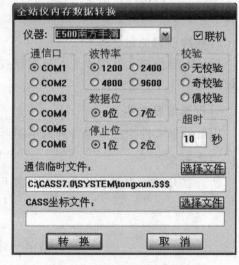

图 8.13　全站仪内存数据转换

③在"仪器"下拉列表中找到"E500 南方手簿"，单击鼠标左键。然后检查通信参数是否设置正确。接着在对话框最下面的"CASS 坐标文件："下的空栏里输入使用者想要保存的文件名，要留意文件的路径，为了避免找不到使用者的文件，可以输入完整的路径。最简单的方法是单击"选择文件"出现如图 8.14 所示的对话框，在"文件名（N）："后输入使用者想要保存的文件名，单击"保存"按钮。这时，系统已经自动将文件名填在了"CASS 坐标文件："下的空白处。这样就省去了手工输入路径的步骤。

图 8.14　执行"选择文件"操作的对话框

输完文件名后移动鼠标至"转换"处,按左键(或者直接按回车键)便出现如图 8.15 所示的提示。

如果使用者输入的文件名已经存在,则屏幕会弹出警告信息。

当使用者不想覆盖原文件时,移动鼠标至"否(N)"处,按左键即返回如图 8.16 所示对话框,重新输入文件名。当使用者想覆盖原文件时,移动鼠标至"是(Y)"处,按左键即可。

④如果仪器选择错误会导致传到计算机中的数据文件格式不正确,这时会出现如图 8.16 所示的对话框。

图 8.15　计算机等待 E500 信号

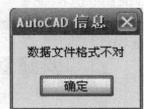

图 8.16　数据格式错误的对话框

⑤操作 PC-E500 电子手簿,作好通信准备,在 E500 上输入本次传送数据的起始点号后,然后先在计算机敲回车键,再在 PC-E500 敲回车键。命令区便逐行显示点位坐标信息,直至通信结束。

2)与带内存全站仪通信

①将全站仪通过适当的通信电缆与计算机连接好。

②移动鼠标至"数据通信"项的"读取全站仪数据"项,该处以高亮度(深蓝)显示,按左键,出现如图 8.17 所示的对话框。

③根据不同仪器的型号设置好通信参数,再选取好要保存的数据文件名,单击"转换"按钮。大体步骤与上同。

图 8.17　全站仪内存数据转换的对话框

如果想将以前传过来的数据(比如用超级终端传过来的数据文件)进行数据转换,可先选好仪器类型,再将仪器型号后面的"联机"选项取消。这时使用者会发现,通信参数全部变灰。接下来,在"通信临时文件:"选项下面的空白区域填上已有的临时数据文件,再在"CASS 坐标文件"选项下面的空白区域填上转换后的 CASS 坐标数据文件的路径和文件名,单击"转换"按钮即可。

注意:若出现"数据文件格式不对"的提示时,有可能是以下情形:A. 数据通信的通路问题,电缆型号不对或计算机通信端口不通;B. 全站仪和软件两边通信参数设置不一致;C. 全站仪中传输的数据文件中没有包含坐标数据,这种情况可以通过查看 tongXun. $$$ 来判断。

3)与测图精灵通信

①在测图精灵中将图形保存,然后传到计算机上,存到计算机上的文件扩展名是 SPD。此文件是二进制格式,不能用写字板打开。

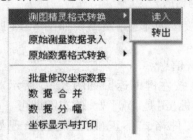

②移动鼠标至"数据通信"项的"测图精灵格式转换"项,在下级子菜单中选取"读入",该处以高亮度(深蓝)显示,按左键,如图 8.18 所示。

③注意 CASS7.0 的命令行提示输入图形比例尺,输入比例尺后出现"输入测图精灵图形文件名"的对话框,如图 8.19 所示。

④找到使用者从测图精灵中传过来的图形数据文件,

图 8.18 测图精灵格式转换的菜单 单击"打开"按钮,系统会读取图形文件内容,并根据图形内的地物代码在 CASS7.0 中自动重构并将图形绘制出来。这时得到的图形与在测图精灵中看到的完全一致。

图 8.19 "输入测图精灵图形文件"对话框

如果使用者要将一幅 AutoCAD 格式的图(扩展名为 DWG)转到测图精灵中进行修补测,可在菜单"数据处理"下找到"测图精灵格式转换"子菜单下的"转出"。利用此功能,可将 CASS7.0 下的图形转成测图精灵的 SPD 图形文件。

转换完成后使用者将得到一个扩展名为 SPD 的文件,比原来的 DWG 小许多倍,这时可以将测图精灵与计算机联接(方法同上),将此文件传到测图精灵的"My Documents"目录下。

启动测图精灵,在"文件"菜单下选"打开",这时使用者可以看到刚才传过来的图形文

件,选择并打开它,图形将出现在测图精灵上。这样就实现了测图精灵与 CASS7.0 的图形数据传输。

8.2.2　内业成图

下面分别介绍"草图法"和"简码法"的作业流程。另外,补充介绍"测图精灵"采集的数据在 CASS7.0 中成图的方法。

1)"草图法"工作方式

"草图法"工作方式要求外业工作时,除了测量员和跑尺员外,还要安排一名绘草图的人员。在跑尺员跑尺时,绘图员要标注出所测的是什么地物(属性信息)及记下所测点的点号(位置信息)。在测量过程中,要和测量员及时联系,使草图上标注的某点点号和全站仪里记录的点号一致,而在测量每一个碎部点时不用在电子手簿或全站仪里输入地物编码,故又称为"无码方式"。

"草图法"在内业工作时,根据作业方式的不同,分为"点号定位""坐标定位""编码引导"几种方法。

(1)"点号定位"法作业流程

①定显示区。定显示区的作用是根据输入坐标数据文件的数据大小定义屏幕显示区域的大小,以保证所有点可见。首先,移动鼠标至"绘图处理"项,按左键,即出现如图 8.20 所示的下拉菜单。

图 8.20　数据处理下拉菜单

然后选择"定显示区"项,按左键,即出现一个对话窗,如图8.21 所示。这时,需输入碎部点坐标数据文件名。可直接通过键盘输入,如在"文件(N):"(即光标闪烁处)输入 C:\CASS7.0\DEMO\YMSJ.DAT 后再移动鼠标至"打开(O)"处,按左键;也可参考 WINDOWS 选择打开文件的操作方法操作。这时,命令区显示:

最小坐标(m)$X = 87.315$,$Y = 97.020$

最大坐标(m)$X = 221.270$,$Y = 200.00$

②选择测点点号定位成图法。移动鼠标至屏幕右侧菜单区"坐标定位/点号定位"项,按左键,即出现如图 8.21 所示的对话框。

输入点号坐标点数据文件名 C:\CASS7.0\DEMO\YMSJ.DAT 后,命令区提示:

读点完成! 共读入 60 点。

③绘平面图。根据野外作业时绘制的草图,移动鼠标至屏幕右侧菜单区,选择相应的地形图图式符号,然后在屏幕中将所有的地物绘制出来。系统中所有地形图图式符号都是按照图层来划分的,如所有表示测量控制点的符号都放在"控制点"这一层,所有表示独立地物的符号都放在"独立地物"这一层,所有表示植被的符号都放在"植被园林"这一层。

A. 为了更加直观地在图形编辑区内看到各测点之间的关系,可以先将野外测点点号在屏幕中展出来。其操作方法是:先移动鼠标至屏幕的顶部菜单"绘图处理"项,按左键,这时系统弹出一个下拉菜单。再移动鼠标选择"展点"项的"野外测点点号"项,按左键,便出现如图 8.13 所示的对话框。输入对应的坐标数据文件名 C:\CASS7.0\DEMO\YMSJ.DAT 后,便可在屏幕展出野外测点的点号。

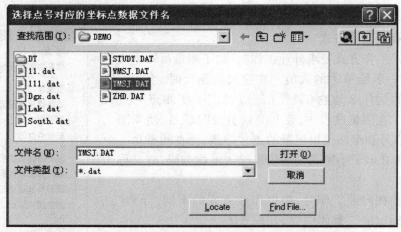

图 8.21　"选择测点点号定位成图法"对话框

B. 根据外业草图,选择相应的地图图式符号在屏幕上将平面图绘出来。

如草图 8.22 所示的,由 33,34,35 号点连成一间普通房屋。移动鼠标至右侧菜单"居民地/一般房屋"处按左键,系统便弹出如图 8.23 所示的对话框。再移动鼠标到"四点房屋"的图标处按左键,图标变亮表示该图标已被选中,然后移鼠标至"OK"处按左键。这时命令区提示:

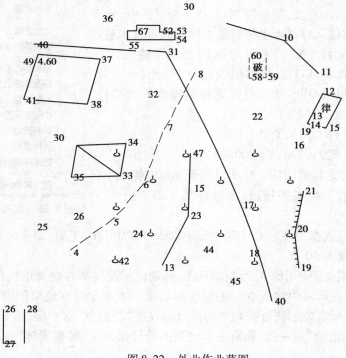

图 8.22　外业作业草图

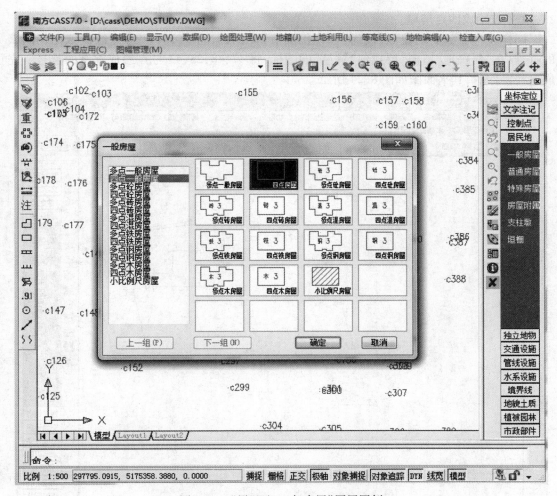

图 8.23 "居民地/一般房屋"图层图例

绘图比例尺 1:输入 1000,回车。

1.已知三点/2.已知两点及宽度/3.已知四点<1>:输入 1,回车(或直接回车默认选 1)。

说明:已知三点是指测矩形房子时测了 3 个点;已知两点及宽度则是指测矩形房子时测了两个点及房子的一条边;已知四点则是测了房子的 4 个角点。

点 P/<点号>输入 33,回车。

说明:点 P 是指由使用者根据实际情况在屏幕上指定一个点;点号是指绘地物符号定位点的点号(与草图的点号对应),此处使用点号。

点 P/<点号>输入 34,回车。

点 P/<点号>输入 35,回车。这样,即将 33,34,35 号点连成一间普通房屋。注意:

● 当房子是不规则图形时,可用"实线多点房屋"或"虚线多点房屋"来绘。

● 绘房子时,输入的点号必须按顺时针或逆时针的顺序输入,如上例的点号按 34,33,35 或 35,33,34 的顺序输入,否则绘出的房子就不对。

重复上述操作,将 37,38,41 号点绘成四点棚房;60,58,59 号点绘成四点破坏房子;12,14,15 号点绘成四点建筑中房屋;50,52,51,53,54,55,56,57 号点绘成多点一般房屋;27,

28,29 号点绘成四点房屋。

同样在"居民地/垣栅"层找到"依比例围墙"的图标,将9,10,11 号点绘成依比例围墙的符号;在"居民地/垣栅"层找到"篱笆"的图标,将47,48,23,43 号点绘成篱笆的符号。完成这些操作后,其平面图如图8.24 所示。

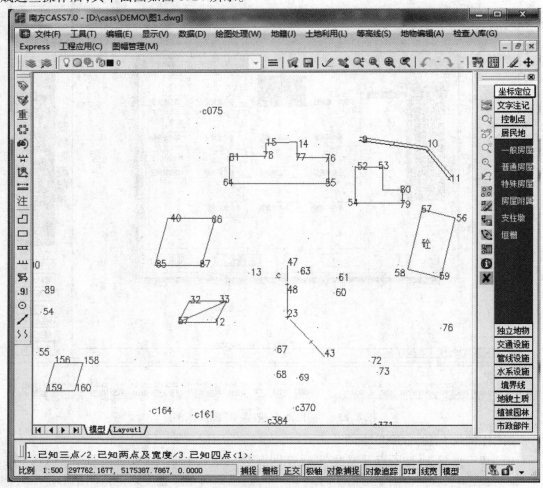

图8.24 用"居民地/垣栅"图层绘的平面图

再把草图中的19,20,21 号点连成一段陡坎,其操作方法是先移动鼠标至右侧屏幕菜单"地貌土质/坡坎"处,按左键,这时系统弹出如图8.25 所示的对话框。

移鼠标到表示未加固陡坎符号的图标处,按左键选择其图标,再移鼠标到"OK"处,按左键确认所选择的图标。命令区便分别出现以下提示:

请输入坎高,单位:米<1.0>:输入坎高,回车(直接回车默认坎高1 m)。

说明:在这里输入的坎高(实测得的坎顶高程),系统将坎顶点的高程减去坎高得到坎底点高程,这样在建立(DTM)时,坎底点便参与组网的计算。

点 P/<点号>:输入 19,回车。

点 P/<点号>:输入 20,回车。

点 P/<点号>:输入 21,回车。

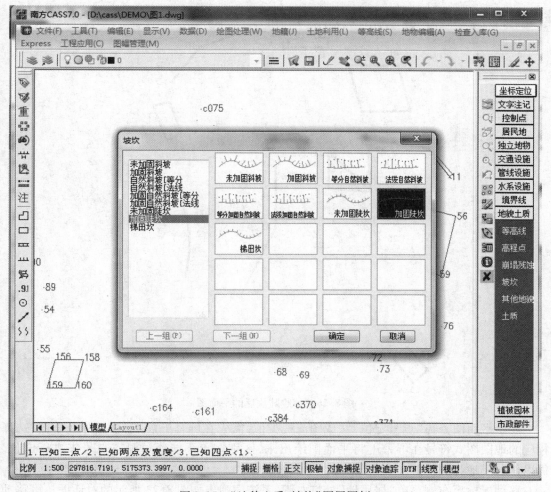

图 8.25　"地貌土质/坡坎"图层图例

点 P/<点号>:回车或按鼠标右键,结束输入。

注:如果需要在点号定位的过程中临时切换到坐标定位,可以按"P"键,这时进入坐标定位状态。想回到点号定位状态时,再次按"P"键即可。

拟合吗? <N>回车或按鼠标的右键,默认输入 N。

说明:拟合的作用是对复合线进行圆滑处理。这时,便在 19,20,21 号点之间绘成陡坎的符号,如图 8.26 所示。注意:陡坎上的坎毛生成在绘图方向的左侧。

这样,重复上述操作便可以将所有测点用地图图式符号绘制出来。在操作过程中,使用者可以嵌用 CAD 的透明命令,如放大显示、移动图纸、删除、文字注记等。

(2)"坐标定位"法作业流程

①定显示区。此步操作与"点号定位"法作业流程的"定显示区"的操作相同。

②选择坐标定位成图法。移动鼠标至屏幕右侧菜单区之"坐标定位"项,按左键,即进入"坐标定位"项的菜单。如果刚才在"测点点号"状态下,可通过选择"CASS7.0 成图软件"按钮返回主菜单之后再进入"坐标定位"菜单。

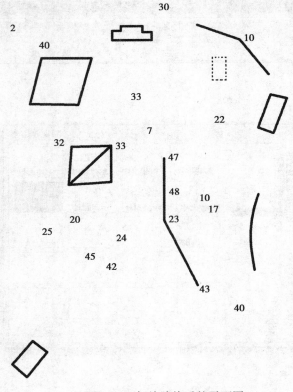

图 8.26　加绘陡坎后的平面图

③绘平面图。与"点号定位"法成图流程类似,需先在屏幕上展点,根据外业草图,选择相应的地图图式符号在屏幕上将平面图绘出来,区别在于不能通过测点点号来进行定位。仍以作居民地为例讲解。

移动鼠标至右侧菜单"居民地"处按左键,系统便弹出如图 8.23 所示的对话框。再移动鼠标到"四点房屋"的图标处按左键,图标变亮表示该图标已被选中,然后移动鼠标至"OK"处按左键。这时命令区提示:

1.已知三点/2.已知两点及宽度/3.已知四点<1>:输入 1,回车(或直接回车默认选 1)。

输入点:移动鼠标至右侧屏幕菜单的"捕捉方式"项,按左键,弹出如图 8.27 所示的对话框。再移动鼠标到"NOD"(节点)的图标处按左键,图标变亮表示该图标已被选中,然后移动鼠标至 "OK"处按左键。这时鼠标靠近 33 号点,出现黄色标记,单击鼠标左键,完成捕捉工作。

输入点:同上操作捕捉 34 号点。

输入点:同上操作捕捉 35 号点。

这样,即将 33,34,35 号点连成一间普通房屋。

注意:在输入点时,嵌套使用了捕捉功能,选择不同的捕捉方式会出现不同形式的黄色光标,适用于不同的情况。

命令区要求"输入点"时,也可以用鼠标左键在屏幕上直接单击,为了精确定位也可输入实地坐标。下面以"路灯"为例进行演示。移动鼠标至右侧屏幕菜单"独立地物/公共设施"

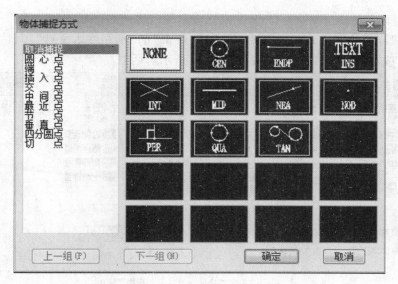

图 8.27 "捕捉方式"选项

处按左键,这时系统便弹出"独立地物/公共设施"对话框,如图 8.28 所示。移动鼠标到"路灯"的图标处按左键,图标变亮表示该图标已被选中,然后移动鼠标至"确定"处按左键。这时命令区提示:

输入点:输入 143.35,159.28,回车。

这时就在(143.35,159.28)处绘好了一盏路灯。

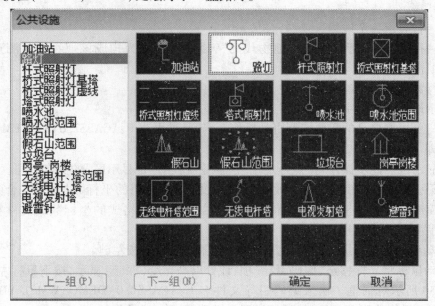

图 8.28 "独立地物/公共设施"图层图例

注意:随着鼠标在屏幕上移动,左下角提示的坐标实时变化。

(3)"编码引导"法作业流程

此方式也称为"编码引导文件+无码坐标数据文件自动绘图方式"。

①编辑引导文件。

A. 移动鼠标至绘图屏幕的顶部菜单,选择"编辑"的"编辑文本文件"项,该处以高亮度(深蓝)显示,按左键,屏幕命令区出现如图 8.29 所示对话框。

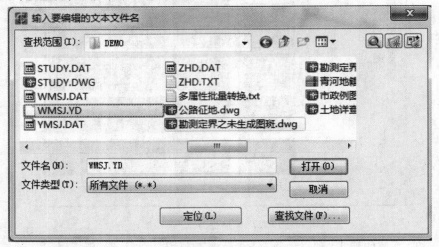

图 8.29　编辑文本对话框

以 C:\CASS7.0\DEMO\WMSJ.YD 为例。

屏幕上将弹出记事本,这时根据野外作业草图,编辑好此文件。

B. 移动鼠标至"文件(F)"项,按左键便出现文件类操作的下拉菜单,然后移动鼠标至"退出(X)"项。

● 每一行表示一个地物。

● 每一行的第一项为地物的"地物代码",以后各数据为构成该地物的各测点的点号(依连接顺序的排列)。

● 同行数据之间用逗号分隔。

● 表示地物代码的字母要大写。

● 用户可根据自己的需要定制野外操作简码,通过更改 C:\CASS7.0\SYSTEM\JCODE. DEF 文件即可实现。

②定显示区。此步操作与"点号定位"法作业流程的"定显示区"的操作相同。

③编码引导。编码引导的作用是将"引导文件"与"无码的坐标数据文件"合并生成一个新的带简编码格式的坐标数据文件。这个新的带简编码格式的坐标数据文件在下一步"简码识别"操作时将要用到。

A. 移动鼠标至绘图屏幕的最上方,选择"绘图处理"项,按左键。

B. 移动鼠标将光标移至"编码引导"项,该处以高亮度(深蓝)显示,按下鼠标左键,即出现如图 8.30 所示对话框。输入编码引导文件名 C:\CASS7.0\DEMO\WMSJ.YD,或通过 Windows 窗口操作找到此文件,然后用鼠标左键选择"确定"按钮。

C. 接着,屏幕出现如图 8.31 所示对话框。要求输入坐标数据文件名,此时输入 C:\CASS7.0\DEMO\WMSJ.DAT。

D. 这时,屏幕按照这两个文件自动生成图形,如图 8.32 所示。

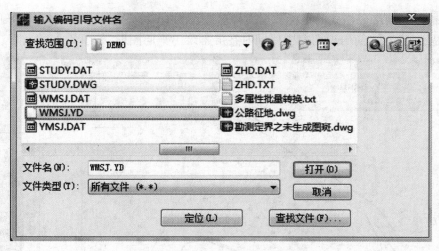

图 8.30　输入编码引导文件

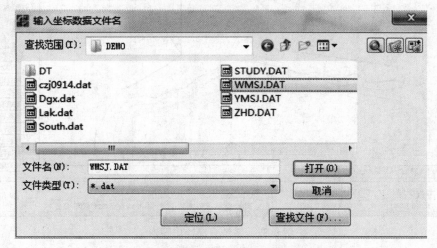

图 8.31　输入坐标数据文件

2)"简码法"工作方式

此种工作方式也称作"带简编码格式的坐标数据文件自动绘图方式"。与"草图法"在野外测量时不同的是,每测一个地物点时都要在电子手簿或全站仪上输入地物点的简编码,简编码一般由一位字母和一或两位数字组成。用户可根据自己的需要通过 JCODE. DEF 文件定制野外操作简码。

(1)定显示区

此步操作与"草图法"中"测点点号"定位绘图方式作业流程的"定显示区"操作相同。

(2)简码识别

简码识别的作用是将带简编码格式的坐标数据文件转换成计算机能识别的程序内部码(又称绘图码)。

移动鼠标至"绘图处理"项,按左键,即可出现下拉菜单。

移动鼠标至"简码识别"项,该处以高亮度(深蓝)显示,按左键,即出现如图 8.33 所示对话框。输入带简编码格式的坐标数据文件名(此处以 C:\CASS7.0\DEMO\YMSJ.DAT 为例)。当提示区显示"简码识别完毕!"同时在屏幕绘出平面图形,如图 8.34 所示。

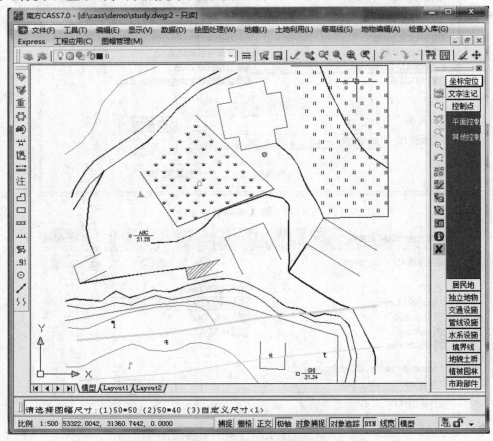

图 8.32　系统自动绘出图形

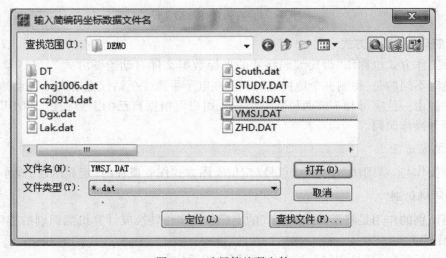

图 8.33　选择简编码文件

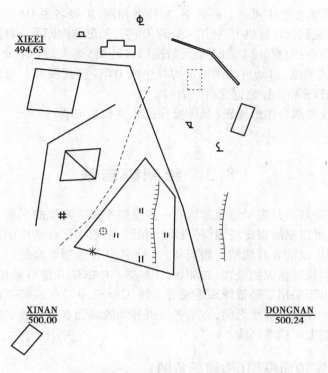

图 8.34　用 YMSJ. DAT 绘的平面图

上面按照清晰的步骤介绍了"草图法""简码法"的工作方法。其中"草图法"包括点号定位法、坐标定位法、编码引导法;编码引导法的外业工作也需要绘制草图,但内业通过编辑编码引导文件,将编码引导文件与无码坐标数据文件合并生成带简码的坐标数据文件,其后的操作等效于"简码法""简码识别"时就可自动绘图。

CASS7.0 支持多种多样的作业模式,除了"草图法""简码法"以外,还有"白纸图数字化法""电子平板法",可根据实际情况灵活选择恰当的方法。

3)"测图精灵"掌上平板成图方式

如果用"测图精灵"在外业采集数据,内业将会非常轻松。大体上来说,使用这种作业模式,外业得"草图"法的便捷,内业得"简码"法的轻松。因为在野外作业时"测图精灵"已将大部分地物的属性写进了图形文件,同时采集了坐标数据和原始测量数据(角度和距离)。

在野外作业的过程中,通过点选"测图精灵"中的地物来给测得的实体赋属性,其法如同在 CASS7.0 中给实体赋属性一样方便、快捷。当熟练以后,可在很大程度上缩短内业工作时间。

外业数据采集完成后,下一步是将坐标数据和图形数据传输到计算机中,用 CASS7.0 进行处理。

在测完图形后进行保存时,"测图精灵"会提示输入文件名,点"确定"后在"测图精灵"的"My Documents"目录下会有扩展名为 SPD 的文件。

在"测图精灵"的"测量"菜单项下选择"坐标输出",就可得到 CASS7.0 的标准坐标数据文件(扩展名为 DAT),这个文件可直接在 CASS7.0 中展点,也可以用来生成等高线,计算土方量等。这个文件和图形文件在同一个目录下,文件名相同,扩展名为 DAT。测图精灵外业结束后,可将 SPD 文件复制到计算机上,利用 CASS7.0 进行图形重构即可。具体操作如下:

①单击菜单命令:数据处理\测图精灵数据格式转换\读入,则 CASS 系统读入测图精灵生成的＊.SPD 格式数据,自动进行图形重构并生成 DWG 格式图形。与此同时,还生成原始测量数据文件＊.HVS 和坐标数据文件＊.DAT。

②绘制等高线和部分图形编辑(具体操作见 8.3 和 8.4 节)。

8.3　绘制等高线

在地形图中,等高线是表示地貌起伏的一种重要手段。常规的平板测图,等高线是由手工描绘的,等高线可以描绘得比较圆滑但精度稍低。在数字化自动成图系统中,等高线是由计算机自动勾绘,生成的等高线精度相当高。CASS7.0 在绘制等高线时,充分考虑到等高线通过地性线和断裂线时情况的处理,如陡坎、陡崖等。CASS7.0 能自动切除通过地物、注记、陡坎的等高线。由于采用了轻量线来生成等高线,CASS7.0 在生成等高线后,文件大小比其他软件小了很多。在绘等高线之前,必须先将野外测的高程点建立数字地面模型(DTM),然后在数字地面模型上生成等高线。

8.3.1　建立数字地面模型(构建三角网)

数字地面模型(DTM),是在一定区域范围内规则格网点或三角网点的平面坐标(X,Y)和其地物性质的数据集合,如果此地物性质是该点的高程 Z,则此数字地面模型又称为数字高程模型(DEM)。这个数据集合从微分角度三维地描述了该区域地形地貌的空间分布。DTM 作为新兴的一种数字产品,与传统的矢量数据相辅相成,各领风骚,在空间分析和决策方面发挥越来越大的作用。借助计算机和地理信息系统软件,DTM 数据可以用于建立各种各样的模型,来解决一些实际问题,主要应用有:按用户设定的等高距生成等高线图、透视图、坡度图、断面图、渲染图、与数字正射影像 DOM 复合生成景观图,或者计算特定物体对象的体积、表面覆盖面积等,还可用于空间复合、可达性分析、表面分析、扩散分析等方面。

我们在使用 CASS7.0 自动生成等高线时,应先建立数字地面模型。在这之前,可以先"定显示区"及"展点","定显示区"的操作与上一节"草图法"中"点号定位"法的工作流程中的"定显示区"的操作相同,出现如图 8.21 所示界面要求输入文件名时找到如下路径的数据文件"C:\CASS7.0\DEMO\DGX.DAT"。展点时可选择"展高程点"选项,如图 8.35 所示下拉菜单。

要求输入文件名时在"C:\CASS7.0\DEMO\DGX.DAT"路径下选择"打开"DGX.DAT文件后命令区提示:

注记高程点的距离(m):根据规范要求输入高程点注记距离(即注记高程点的密度),回车默认为注记全部高程点的高程。这时,所有高程点和控制点的高程均自动展绘到图上。

①移动鼠标至屏幕顶部菜单"等高线"项,按左键,出现如图 8.36 所示的下拉菜单。

②移动鼠标至"建立 DTM"项,该处以高亮度(深蓝)显示,按左键,出现如图 8.37 所示对话框。

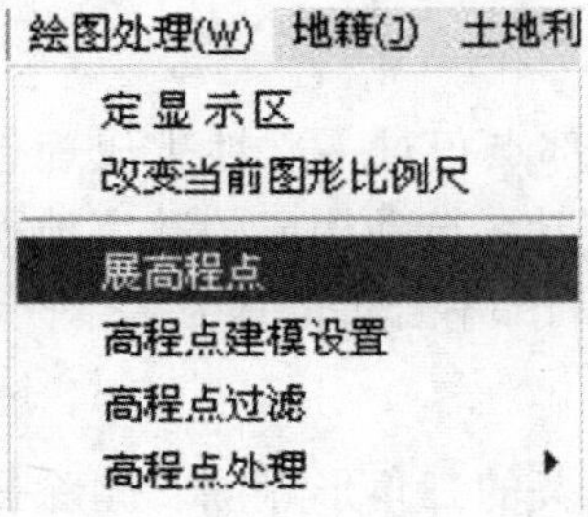

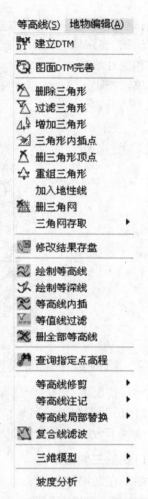

图 8.36　"等高线"的下拉菜单

图 8.35　绘图处理下拉菜单

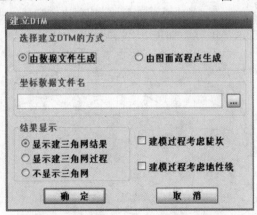

图 8.37　选择建模高程数据文件

　　首先,选择建立 DTM 的方式,分为两种方式:由数据文件生成和由图面高程点生成。如果选择由数据文件生成,则在坐标数据文件名中选择坐标数据文件;如果选择由图面高程点生成,则在绘图区选择参加建立 DTM 的高程点。然后,选择结果显示,分为 3 种:显示建三角网结果、显示建三角网过程和不显示三角网。最后,选择在建立 DTM 的过程中是否考虑陡坎和地性线。

单击"确定"后,生成如图 8.38 所示的三角网。

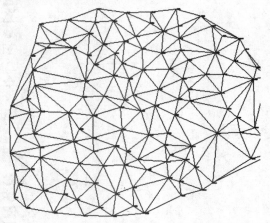

图 8.38　用 DGX. DAT 数据建立的三角网

8.3.2　修改数字地面模型(修改三角网)

一般情况下,由于地形条件的限制,在外业采集的碎部点很难一次性生成理想的等高线,如楼顶上控制点。另外,还因现实地貌的多样性和复杂性,自动构成的数字地面模型与实际地貌不太一致,这时可以通过修改三角网来修改这些局部不合理的地方。

1)删除三角形

如果在某局部内没有等高线通过,则可将其局部内相关的三角形删除。删除三角形的操作方法是:先将要删除三角形的地方局部放大,再选择"等高线"下拉菜单的"删除三角形"项,命令区提示"选择对象:";这时便可选择要删除的三角形。如果误删,可用"U"命令将误删的三角形恢复。删除三角形后如图 8.39 所示。

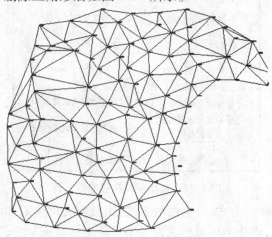

图 8.39　将右下角的三角形删除

2) 过滤三角形

可根据用户需要输入符合三角形中最小角的度数或三角形中最大边长最多大于最小边长的倍数等条件的三角形。如果出现 CASS7.0 在建立三角网后点无法绘制等高线的情况，可过滤掉部分形状特殊的三角形。另外，如果生成的等高线不光滑，也可以用此功能将不符合要求的三角形过滤掉再生成等高线。

3) 增加三角形

如果要增加三角形时，可选择"等高线"菜单中的"增加三角形"项，依照屏幕的提示在要增加三角形的地方用鼠标点取，如果点取的地方没有高程点，系统会提示输入高程。

4) 三角形内插点

选择此命令后，可根据提示输入要插入的点：在三角形中指定点（可输入坐标或用鼠标直接点取），提示"高程（m）＝"时，输入此点高程。通过此功能可将此点与相邻的三角形顶点相连构成三角形，同时原三角形会自动被删除。

5) 删三角形顶点

用此功能可将所有由该点生成的三角形删除。因为一个点会与周围很多点构成三角形，如果手工删除三角形，不仅工作量较大而且容易出错。这个功能常用在发现某一点坐标错误时，要将它从三角网中剔除的情况下。

6) 重组三角形

指定两相邻三角形的公共边，系统自动将两三角形删除，并将两三角形的另两点连接起来构成两个新的三角形，这样做可以改变不合理的三角形连接。如果因两个三角形的形状特殊无法重组，会有出错提示。

7) 删三角网

生成等高线后就不再需要三角网了，这时如果要对等高线进行处理，三角网比较碍事，可以用此功能将整个三角网全部删除。

8) 修改结果存盘

通过以上命令修改了三角网后，选择"等高线"菜单中的"修改结果存盘"项，把修改后的数字地面模型存盘。这样，绘制的等高线不会内插到修改前的三角形内。

注意：修改了三角网后一定要进行此步操作，否则修改无效！当命令区显示："存盘结束！"时，表明操作成功。

8.3.3　绘制等高线

完成本节的第一、二步准备操作后，便可进行等高线绘制。等高线的绘制可以在绘平面图的基础上叠加，也可以在"新建图形"的状态下绘制。如在"新建图形"状态下绘制等高线，系统会提示使用者输入绘图比例尺。

用鼠标选择"等高线"下拉菜单的"绘制等高线"项，弹出如图 8.40 所示对话框。

对话框中会显示参加生成 DTM 的高程点的最小高程和最大高程。如果只生成单条等高线，那么就在单条等高线高程中输入此条等高线的高程；如果生成多条等高线，则在等高距框中输入相邻两条等高线之间的等高距。最后，选择等高线的拟合方式。总共有 4 种拟合方式:不拟合(折线)、张力样条拟合、三次 B 样条拟合和 SPLINE 拟合。观察等高线效果时,可输入较大等高距并选择不光滑,以加快速度。如选拟合方法 2,则拟合步距以 2 m 为宜,但这时生成的等高线数据量比较大,速度会稍慢。测点较密或等高线较密时,最好选择光滑方法 3,也可选择不光滑,过后再用"批量拟合"功能对等高线进行拟合。选择 4 则用标准 SPLINE 样条曲线来绘制等高线,提示请输入样条曲线容差:<0.0>容差是曲线偏离理论点的允许差值,可直接回车。SPLINE 线的优点在于即使其被断开后仍然是样条曲线,可以进行后续编辑修改;缺点是较选项 3 容易发生线条交叉现象。

图 8.40 "绘制等高线"对话框

当命令区显示:"绘制完成!",便完成绘制等高线的工作,如图 8.41 所示。

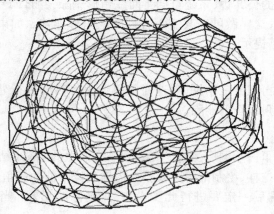

图 8.41 完成绘制等高线的工作

8.3.4 等高线的修饰

1)注记等高线

单击"窗口缩放"项得到局部放大图,如图 8.42 所示,再选择"等高线"下拉菜单之"等高线注记"的"单个高程注记"项。

命令区提示:

选择需注记的等高(深)线:移动鼠标至要注记高程的等高线位置,如图 8.42 所示的位置 A,按左键。

依法线方向指定相邻一条等高(深)线:移动鼠标至如图 8.42 所示的等高线位置 B,按左键。等高线的高程值即自动注记在 A 处,且字头朝 B 处。

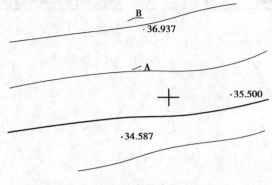

图 8.42　等高线高程注记

2) 等高线修剪

左键单击"等高线/等高线修剪/批量修剪等高线",弹出如图 8.43 所示对话框。

首先,选择是消隐还是修剪等高线;然后,选择是整图处理还是手工选择需要修剪的等高线;最后,选择地物和注记符号,单击"确定"后会根据输入的条件修剪等高线。

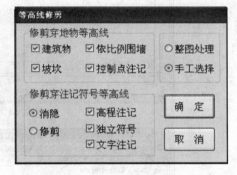

图 8.43　"等高线修剪"对话框

3) 切除指定二线间等高线

命令区提示:

选择第一条线:用鼠标指定一条线,如选择公路的一边。

选择第二条线:用鼠标指定第二条线,如选择公路的另一边。

程序将自动切除等高线穿过此二线间的部分。

4) 切除指定区域内等高线

选择一封闭复合线,系统将该复合线内所有等高线切除。注意,封闭区域的边界一定要是复合线,如果不是,系统将无法处理。

5) 等值线滤波

此功能可在很大程度上给绘制好等高线的图形文件"减肥"。一般的等高线都是用样条拟合的,这时虽然从图上看出来的节点数很少,但事实却并非如此。以高程为 38 的等高线为例说明,如图 8.44 所示。

选中等高线,使用者会发现图上出现了一些夹持点,千万不要认为这些点就是这条等高线上实际的点。这些只是样条的锚点。要还原它的真面目,请完成下面的操作。

单击"等高线"菜单下的"切除穿高程注记等高线",然后看结果,如图 8.45 所示。

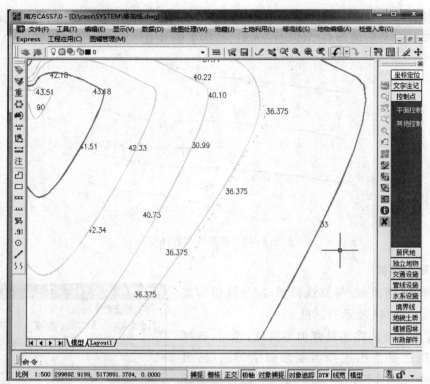

图 8.44　剪切前等高线夹持点

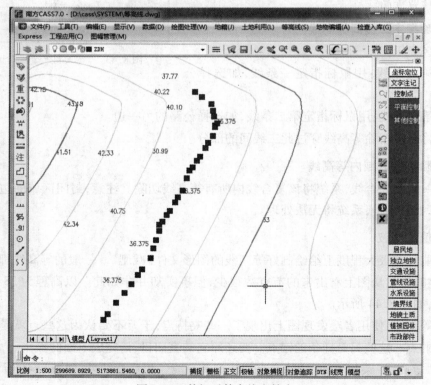

图 8.45　剪切后等高线夹持点

这时,在等高线上出现了密布的夹持点,这些点才是这条等高线真正的特征点。所以,如果使用者看到一个很简单的图在生成了等高线后变得非常大,原因就在这里。如果使用者想将这幅图的尺寸变小,用"等值线滤波"功能就可以了。执行此功能后,系统提示如下:

请输入滤波阀值:<0.5 m>。这个值越大,精简的程度就越大,但是会导致等高线失真(即变形)。因此,使用者可根据实际需要选择合适的值。一般选系统默认值即可。

8.3.5　绘制三维模型

建立了 DTM 之后,就可以生成三维模型,观察一下立体效果。

移动鼠标至"等高线"项,按左键,出现下拉菜单。然后移动鼠标至"绘制三维模型"项,按左键,命令区提示:

输入高程乘系数<1.0>:输入 5。

如果用默认值,建成的三维模型与实际情况一致。如果测区内的地势较为平坦,可以输入较大的值,将地形的起伏状态放大。因本图坡度变化不大,输入高程乘系数将其夸张显示。

是否拟合?（1）是　（2）否<1>回车,默认选 1,拟合。

这时将显示此数据文件的三维模型,如图 8.46 所示。

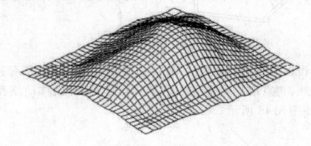

图 8.46　三维效果

另外利用"低级着色方式""高级着色方式"功能还可对三维模型进行渲染等操作,利用"显示"菜单下的"三维静态显示"的功能可以转换角度、视点、坐标轴,利用"显示"菜单下的"三维动态显示"功能可以绘出更高级的三维动态效果。

以上即是绘制等高线的全过程。

8.4　编辑与整饰

在大比例尺数字测图的过程中,由于实际地形、地物的复杂性,漏测、错测是难以避免的。这时,必须要有一套功能强大的图形编辑系统,对所测地图进行屏幕显示和人机交互图形编辑,在保证精度情况下消除相互矛盾的地形、地物;对漏测或错测的部分,及时进行外业补测或重测。另外,对地图上的许多文字注记说明,如道路、河流、街道等也是很重要的。

图形编辑的另一重要用途是对大比例尺数字化地图的更新。它可以借助人机交互图形编辑,根据实测坐标和实地变化情况,随时对地图的地形、地物进行增加或删除、修改等,以保证地图具有很好的现实性。

对于图形的编辑,CASS7.0 提供"编辑"和"地物编辑"两种下拉菜单。其中,"编辑"是由 AutoCAD 提供的编辑功能:图元编辑、删除、断开、延伸、修剪、移动、旋转、比例缩放、复制、偏移拷贝等,"地物编辑"是由南方 CASS 系统提供的对地物编辑功能:线型换向、植被填充、土质填充、批量删剪、批量缩放、窗口内的图形存盘、多边形内图形存盘等。下面举例说明。

8.4.1　图形重构

通过右侧屏幕菜单绘出一堵围墙、一块菜地、一条电力线、一个自然斜坡,如图 8.47 所示。

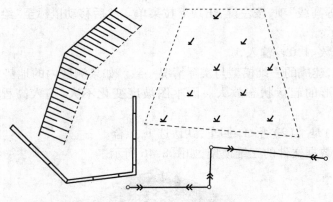

图 8.47　作出几种地物

CASS4.0 以来都设计了骨架线的概念,复杂地物的主线一般都是有独立编码的骨架线。用鼠标左键点取骨架线,再点取显示蓝色方框的结点使其变红,移动到其他位置,或者将骨架线移动位置,效果如图 8.48 所示。

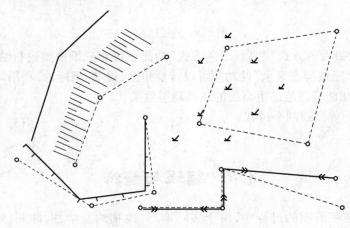

图 8.48　改变原图骨架线

将鼠标移至"地物编辑"菜单项,按左键,选择"图形重构"功能(也可选择左侧工具条的"图形重构"按钮),命令区提示:

"选择需重构的实体. <重构所有实体>":回车表示对所有实体进行重构功能。此时,原图转化为图 8.49。

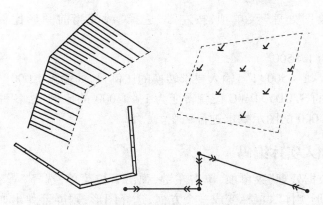

图 8.49　对改变骨架线的实体进行图形重构

8.4.2　改变比例尺

将鼠标移至"文件"菜单项,按左键,选择"打开已有图形"功能,在弹出的窗口中输入"C:\CASS7.0\DEMO\STUDY.DWG";将鼠标移至"打开"按钮,按左键,屏幕上将显示例图STUDY.DWG,如图 8.50 所示。

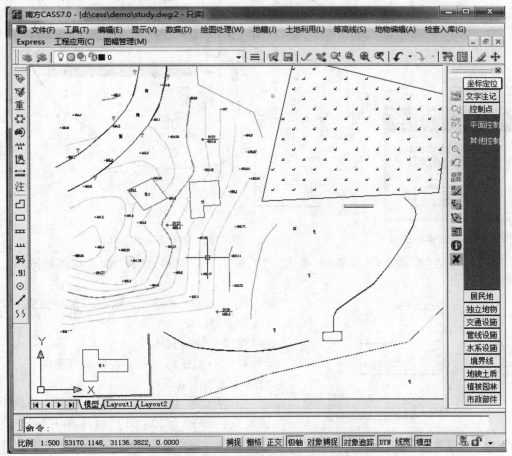

图 8.50　例图 STUDY.DWG

将鼠标移至"绘图处理"菜单项,按左键,选择"改变当前图形比例尺"功能,命令区提示:

"当前比例尺为1∶500"。

"输入新比例尺<1∶500>1":输入要求转换的比例尺,如输入1 000。

这时屏幕显示的 STUDY.DWG 图就转变为1∶1 000 的比例尺,各种地物包括注记、填充符号都已按1∶1 000 的图示要求进行转变。

8.4.3 查看及加入实体编码

将鼠标移至"数据处理"菜单项,单击左键,弹出下拉菜单,选择"查看实体编码"项,命令区提示:"选择图形实体",鼠标变成一个方框,选择图形,则屏幕弹出如图8.51所示的属性信息,或直接将鼠标移至多点房屋的线上,则屏幕自动出现该地物属性,如图8.52所示。

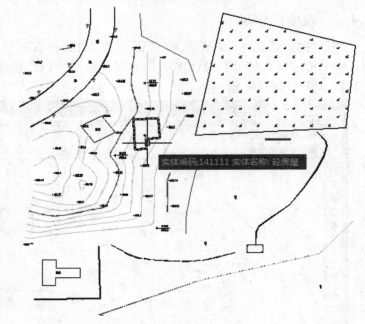

图 8.51　查看实体编码　　　　图 8.52　自动显示实体属性

将鼠标移至"数据处理"菜单项,单击左键,弹出下拉菜单,选择"加入实体编码"项,命令区提示:

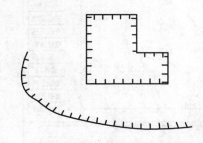

"输入代码(C)/<选择已有地物>"鼠标变成一个方框,这时选择下侧的陡坎。

"选择要加属性的实体":

"选择对象":用鼠标点方框选择多点房屋。

这时原图变为图8.53。

在第一步提示时,也可以直接输入编码(此例中输入未加固陡坎的编码为204201),这样在下一步中,选择的实体将转换成编码为204201的未加固陡坎。

图 8.53　通过加入实体编码变换图形

8.4.4　线型换向

通过右侧屏幕菜单绘出未加固陡坎、加固斜坡、依比例围墙、栅栏各一个,如图 8.54 所示。

将鼠标移至"地物编辑"菜单项,单击左键,弹出下拉菜单,选择"线型换向",命令区提示:

"请选择实体":将转换为小方框的鼠标光标移至未加固陡坎的母线,单击左键。

这样,该条未加固陡坎即转变了坎的方向。以同样的方法选择"线型换向"命令(或在工作区单击鼠标右键重复上一条命令),单击栅栏、加固陡坎的母线,以及依比例围墙的骨架线(显示黑色的线),完成换向功能。结果如图 8.55 所示。

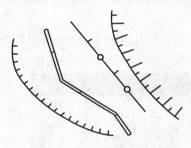
图 8.54　线型换向前

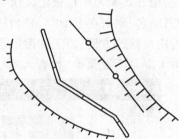
图 8.55　线型换向后

8.4.5　坎高的编辑

通过右侧屏幕菜单的"地貌土质"项绘一条未加固陡坎,在命令区提示"输入坎高:(m) <1.000>"时,回车默认 1 m。

将鼠标移至"地物编辑"菜单项,单击左键,弹出下拉菜单,选择"修改坎高",则在陡坎的第一个结点处出现一个十字丝,命令区提示:

"选择陡坎线"

"请选择修改坎高方式:(1)逐个修改(2)统一修改"

"当前坎高=1.000 m,输入新坎高<默认当前值>":输入新值,回车(或直接回车默认 1 m)。

十字丝跳至下一个结点,命令区提示:

"当前坎高=1.000 m,输入新坎高<默认当前值>":输入新值,回车(或直接回车默认 1 m)。

如此重复,直至最后一个结点结束。这样便将坎上每个测量点的坎高进行了更改。

若选择修改坎高方式中选择 2,则提示:

"请输入修改后的统一坎高":<1.000>输入要修改的目标坎高,则将该陡坎的高程改为同一个值。

8.4.6　实体附加属性

在图形数据最终进入 GIS 系统的形势下,对于实体本身的一些属性还必须作一些更多更具体的描述和说明。因此,给实体增加了一个附加属性,该属性可以由用户根据实际的需要进行设置和添加。

1)设置实体附加属性

如要将居民地中的建筑物加上名称、高度、用途、地理位置等附加属性,则只需将这些属性定义写入 attribute.def 文件中,格式如下:

[*]RESRGN,3,面状居民地 CODE,10,9,0,要素代码 name,10,9,0,名称。

RESRGN 表示图层名,3 数字表示图层类型为面(1 表示点、2 表示线、3 表示面、4 表示注记);第二行起每行表示一个属性:第一项为属性代码,第二项为数据类型,第三项为数据字节长度,第四项为小数位数,末项为文字说明。

注:RESRGN 为用户自定义层名,可在 INDEX.INI 文件中设置修改。若改变了 attribute.def 中图层名,则需在 INDEX.INI 中作相应改变。

为用户修改方便,以上的附加属性项添加可以直接在人机交互界面上进行,操作如下。

单击屏幕下拉菜单"检查入库\地物属性结构设置",弹出如图 8.56 所示对话框。

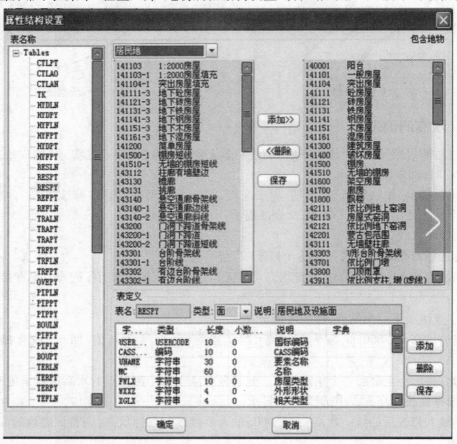

图 8.56　设置附加属性

在该对话框中进行设置,同样可以将上面面状居民地的各附加属性写入 Attribute.def 文件中。单击 RESRGN 属性层名,出现如图 8.57 所示的实体已有属性项名称。

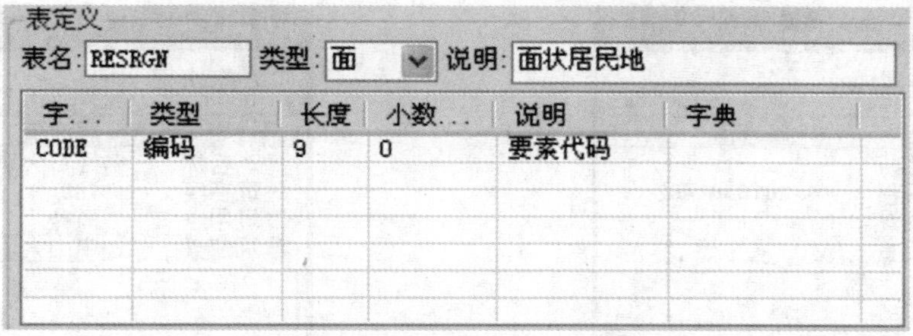

图 8.57　实体附加属性项

再单击"添加"按钮,则出现新的未命名的属性项,如图 8.58 所示。

图 8.58　添加实体附加属性项

双击新增的"字段名",在对话框下方的文本框输入栏中输入"NAME",依次选择字段类型、长度、小数位数和文字说明项,修改为相应的值,如图 8.59 所示。

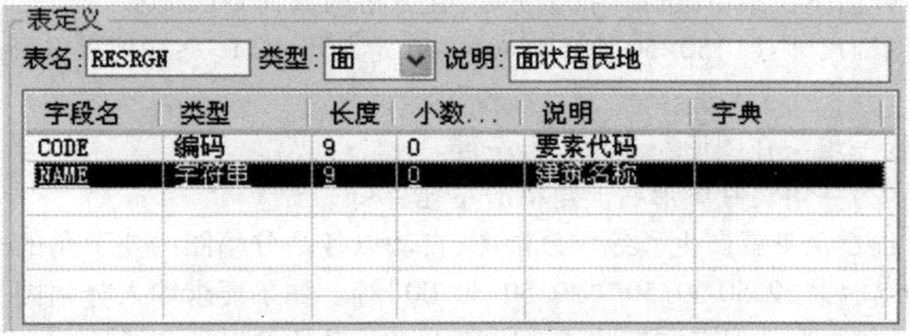

图 8.59　添加居民地附加属性项

使用同样的方法添加建筑物用途和建筑物地理位置等属性项,然后单击"确定",则将以上添加的内容写入 Attribute. def 文件,重启软件则该设置生效。

2)修改实体附加属性

单击屏幕下拉菜单"检查入库\编辑实体附加属性"后,选择要加属性的实体;弹出如图 8.60 所示对话框,上面各属性项为设置附加属性时添加字段。

在各属性项后添加上实际的属性值后单击"确定",则自动保存该实体的附加属性,如图 8.61 所示。该属性进入 GIS 后,可以更方便地查看和识别实体类型和性质。

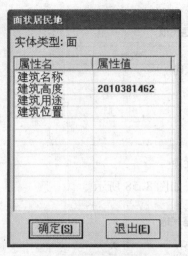

图 8.60　附加属性修改

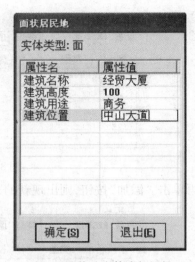

图 8.61　修改实体附加属性

8.4.7　图形分幅

在图形分幅前,使用者应做好分幅的准备工作。使用者应了解自己图形数据文件中的最小坐标和最大坐标。

注意:在 CASS7.0 下侧信息栏显示的数学坐标和测量坐标是相反的,即 CASS7.0 系统中前面的数为 Y 坐标(东方向),后面的数为 X 坐标(北方向)。将鼠标移至"绘图处理"菜单项,单击左键,弹出下拉菜单,选择"批量分幅/建方格网",命令区提示:

"请选择图幅尺寸:(1)50×50(2)50×40(3)自定义尺寸<1>":按要求选择。此处直接回车默认选 1。

"输入测区一角":在图形左下角单击左键。

"输入测区另一角":在图形右上角单击左键。

这样在所设目录下就产生了各个分幅图,自动以各个分幅图的左下角的东坐标和北坐标结合起来命名,如"29.50-39.50""29.50-40.00"等。如果要求输入分幅图目录名时直接回车,则各个分幅图自动保存在安装了 CASS7.0 的驱动器的根目录下。

选择"绘图处理/批量分幅/批量输出",在弹出的对话框中确定输出的图幅的存储目录名,然后单击"确定",即可批量输出图形到指定的目录。

8.4.8　图幅整饰

把图形分幅时所保存的图形打开,选择"文件"的"打开已有图形"项,在对话框中输入 SOUTH1.DWG 文件名,确认后 SOUTH1.DWG 图形即被打开,如图 8.62 所示。

选择"文件"中的"加入 CASS7.0 环境"项。

选择"绘图处理"中"标准图幅(50 cm×50 cm)"项,显示如图 8.63 所示的对话框。

输入图幅的名字、邻近图名、测量员、制图员、审核员,在左下角坐标的"东""北"栏内输入相应坐标,如此处输入"40 000,30 000",回车。在"删除图框外实体"前打"√"则可删除图框外实体,按实际要求选择,如此处选择打"√"。最后用鼠标单击"确定"按扭即可。

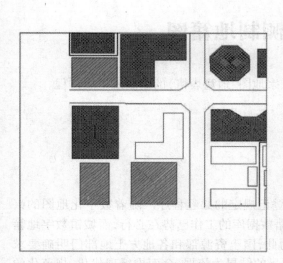

图 8.62　打开 SOUTH1.DWG 的平面图

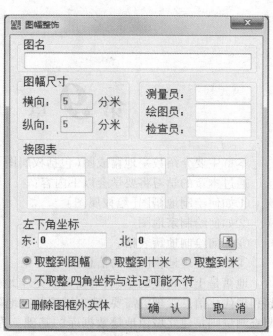

图 8.63　输入图幅信息对话框

因为 CASS7.0 系统所采用的坐标系统是测量坐标，即 1∶1 的真坐标。加入 50 cm ×50 cm 图廓后，如图 8.64 所示。

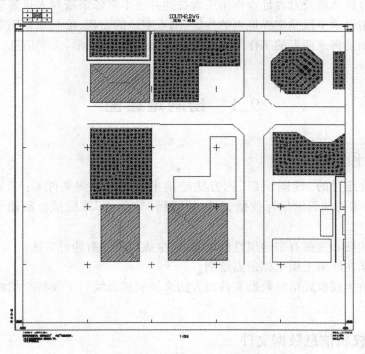

图 8.64　加入图廓的平面图

第 *9* 章　测制地籍图

本章主要介绍数字地籍成图(包括权属图、宗地图、地籍表格)的绘制或生成过程。

通过本章的学习将要学会以下内容:

①如何绘制地籍图〔绘权属图〕。

②如何绘制宗地图。

③如何绘制地籍表格。

④如何管理地籍图中的信息。

地籍是土地管理的基础,地籍调查是土地登记规定的必经程序。随着数字化地图的兴起和现代化信息管理的需要,建立城镇数字地籍数据库的工作已势在必行,而城镇数字地籍调查测量则是建立城镇地籍数据库的基础。为此,国土资源部和各地方土地部门明确要求城镇范围内的土地登记必须以数字地籍调查测量的结果为依据,全面推行现代化、规范化的地籍管理工作。

地籍调查主要包括权属调查和地籍测量两大部分,前者的主要工作是由相关人员实地共同指认界址点的位置及对界址点作出正确描述并经本宗邻宗指界人员签名确认。后者的主要工作是运用科学手段测定界址点的位置、测算宗地的面积、绘制地籍图等。数字地籍调查测量的任务则是将这两者的工作形成计算机存储的数字、图形、文字信息。

9.1　绘制地籍图

9.1.1　生成平面图

用第 8 章介绍过的"简码识别"的方法绘出平面图。示例文件 C:\CASS7.0\DEMO\SOUTH.DAT 是带简编码的坐标数据文件,故可用"简码法"来完成。所绘平面图如图 9.1 所示。

地籍部分的核心是带有宗地属性的权属线,生成权属线有两种方法。

①可以直接在屏幕上用坐标定点绘制。

②通过事前生成权属信息数据文件的方法来绘制权属线。下面将介绍权属信息数据文件的生成方法。

9.1.2　生成权属信息数据文件

可以通过文本方式编辑得到该文件后,再使用"绘图处理\依权属文件绘权属图"命令绘出权属信息图。可以通过以下 4 种方法得到权属信息文件,如图 9.2 所示。

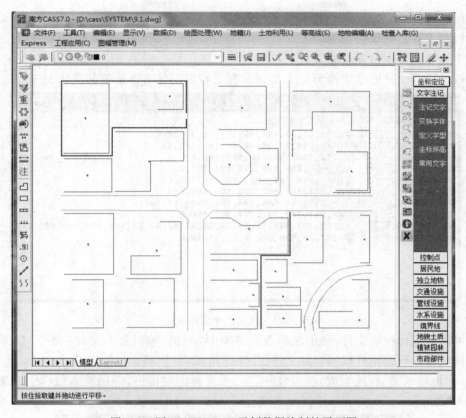

图 9.1　用 SOUTH. DAT 示例数据绘制的平面图

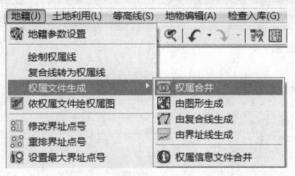

图 9.2　权属生成的四种方法

1)权属合并

权属合并需要用到两个文件:权属引导文件和界址点数据文件。

权属引导文件的格式:

宗地号,权利人,土地类别,界址点号,……界址点号,E(一宗地结束)

宗地号,权利人,土地类别,界址点号,……界址点号,E(一宗地结束)E(文件结束)

说明:

①每一宗地信息占一行,以 E 为一宗地的结束符,E 要求大写。

②编宗地号方法:街道号(地籍区号)+街坊号(地籍子区)+宗地号(地块号),街道号和

街坊号位数可在"参数设置"内设置。

③权利人按实际调查结果输入。

④土地类别按规范要求输入。

⑤权属引导文件的结束符为 E,E 要求大写。权属引导文件示例如图 9.3 所示。

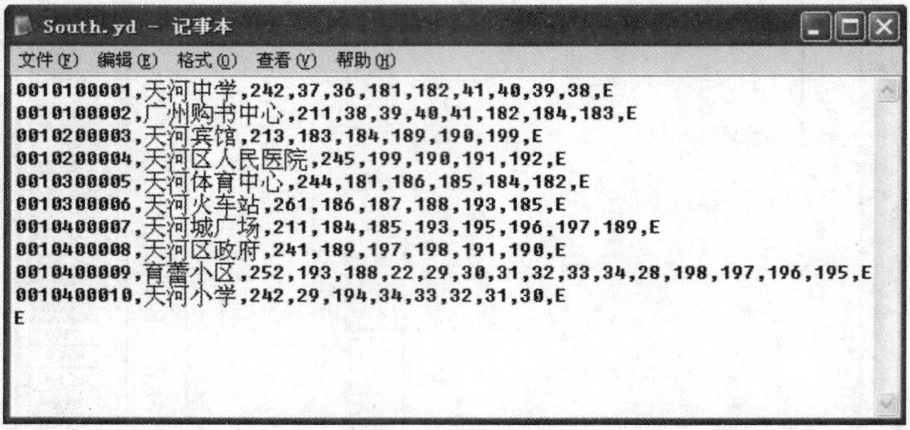

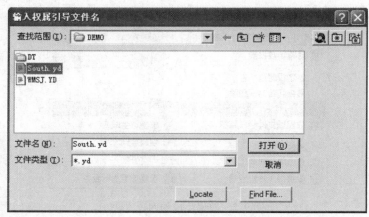

图 9.3　权属引导文件格式

如果需要编辑权属文件,可用鼠标点击菜单中"编辑\编辑文本文件"命令,参考图 9.3 的文件格式和内容编辑好权属引导文件,存盘返回 CASS 屏幕。

选择"地籍成图\权属生成\权属合并"项,系统弹出对话框,提示输入权属引导文件名,如图 9.4 所示。

图 9.4　输入权属引导文件

选择上一步生成的权属引导文件,点击"打开"按钮。系统弹出对话框,提示"输入坐标点(界址点)数据文件名",类似上步,选择文件,点"打开"按钮。系统弹出对话框,提示"输入地籍权属信息数据文件名",在这里要直接输入要保存地籍信息的权属文件名。当指令提示区显示"权属合并完毕!"时,表示权属信息数据文件 SOUTHDJ. QS 已自动生成。这时按 F2 键可以看到权属合并的过程。

2)由图形生成权属

在外业完成地籍调查和测量后,得到界址点坐标数据文件和宗地的权属信息。在内业,可以用此功能完成权属信息文件的生成工作。先用"绘图处理"下的"展野外测点点号"功能展出外业数据的点号,再选择"地籍成图\生成权属\由图形生成"项,命令区提示:

请选择:"(1)界址点号按序号累加(2)手工输入界址点号<1>",按要求选择,默认选 1。

下面弹出对话框,要求输入地籍权属信息数据文件名,保存在合适的路径下,如果此文件已存在,则提示:"文件已存在,请选择(1)追加该文件(2)覆盖该文件<1>",按实际情况选择。

"输入宗地号":输入 0010100001。

"输入权属主":输入"天河中学"。

"输入地类号":输入 44。

"输入点":打开系统的捕捉功能,用鼠标捕捉到第一个界址点 37。

接着,命令行继续提示:

"输入点":等待输入下一点……

依次选择 39,40,41,182,181,36 点。

"输入点":回车或按空格键,完成该宗地的编辑。

"请选择:1.继续下一宗地 2.退出<1>":输入 2,回车。

说明:选 1 则重复以上步骤继续下一宗地,选 2 则退出本功能。

这时,权属信息数据文件已经自动生成。以上操作中采用的坐标定位,也可用点号定位。用点号定位时不需要依次用鼠标捕捉到相应点,只需直接输入点号就行了。

进入点号定位的方法:在屏幕右侧菜单上找到"测点点号",点击,系统弹出对话框,要求输入点号对应的坐标数据文件。输入相应文件即可。

一般可以交叉使用坐标定位和测点点号定位两种方法。

3)用复合线生成权属

这种方法在一个宗地就是一栋建筑物的情况下特别好用,否则就需要先手工沿着权属线画出封闭复合线。选择"绘图处理"菜单的"用复合线生成权属"项,输入地籍权属信息数据文件名后,命令区提示:

"选择复合线(回车结束)":用鼠标点取一栋封闭建筑物。

"输入宗地号":输入"0010100001",回车。

"输入权属主":输入"天河中学",回车。

"输入地类号":输入"44",回车。

"该宗地已写入权属信息文件!"

"请选择:1.继续下一宗地 2.退出〈1〉":输入 2,回车。

说明:选 1 则重复以上步骤继续下一宗地,选 2 则退出本功能。

4)用界址线生成权属

如果图上没有界址线,可用"地籍成图"子菜单下"绘制权属线"生成。

注:在 CASS 中,"界址线"和"权属线"是同一个概念。此时,如图 9.5 所示。

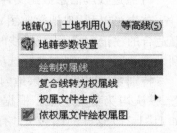

图 9.5　绘制权属线菜单

使用此功能时,系统会提示输入宗地边界的各个点。当宗地闭合时,系统将认为宗地已绘制完成,弹出对话框,要求输入宗地号、权属主、地类号等。输入完成后单击"确定"按钮,系统会将对话框中的信息写入权属线。权属线里的信息可以被读出来,写入权属信息文件,这就是由权属线生成权属信息文件的原理。

操作步骤如下:执行"地籍\权属生成\由界址线生成"命令后,直接用鼠标在图上批量选取权属线,然后系统弹出对话框,要求输入权属信息文件名。这个文件将用来保存下一步要生成的权属信息。输入文件名后,单击"保存",权属信息将被自动写入权属信息文件。已有权属线再生成权属信息文件一般是用在统计地籍报表时。得到带属性权属线后,可通过"绘图处理\依权属文件绘权属图"作权属图。

5)权属信息文件合并

权属信息文件合并的作用只是将多个权属信息文件合并成一个文件,即将多宗地的信息合并到一个权属信息文件中。这个功能常在需要将多宗地信息汇总时使用。

9.1.3　绘权属地籍图

生成平面图之后,可以用手工绘制权属线的方法绘制权属地籍图,也可通过权属信息文件来自动绘制。

1)手工绘制

使用"地籍成图"子菜单下"绘制权属线"功能生成,并选择不注记,可以手工绘出权属线。这种方法最直观,权属线出来后系统立即弹出对话框,要求输入属性,单击"确定"按钮后系统将宗地号、权利人、地类编号等信息加到权属线里,如图9.6所示。

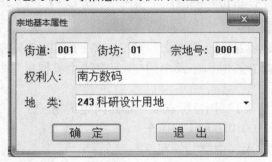

图9.6　加入权属线属性

2)通过权属信息数据文件绘制

首先可以利用"地籍成图\地籍参数设置"功能对成图参数进行设置。根据实际情况选择适合的注记方式,绘权属线时要作哪些权属注记。如要将宗地号、地类、界址点间距离、权利人等全部注记,则在这些选项前的方格中打上"√",如图9.7所示。

特别要说明的是,"宗地内图形"中是否满幅的设置。CASS5.0以前的版本没有此项设置,默认均为满幅绘图,根据图框大小对所选宗地图进行缩放。所以,有时会出现诸如1:1 215这样的比例尺。有些单位在出地籍图时不希望这样的情况出现,他们需要整百或整五十的比例尺。这时,可将"宗地图内图形"选项设为"不满幅",再将其上的"宗地图内比例尺分母的倍数"设为需要的值。比如,设为50,成图时出现的比例尺只可能是1:(50×

N),N 为自然数。

参数设置完成后,选择"地籍\依权属文件绘权属图",如图 9.8 所示。

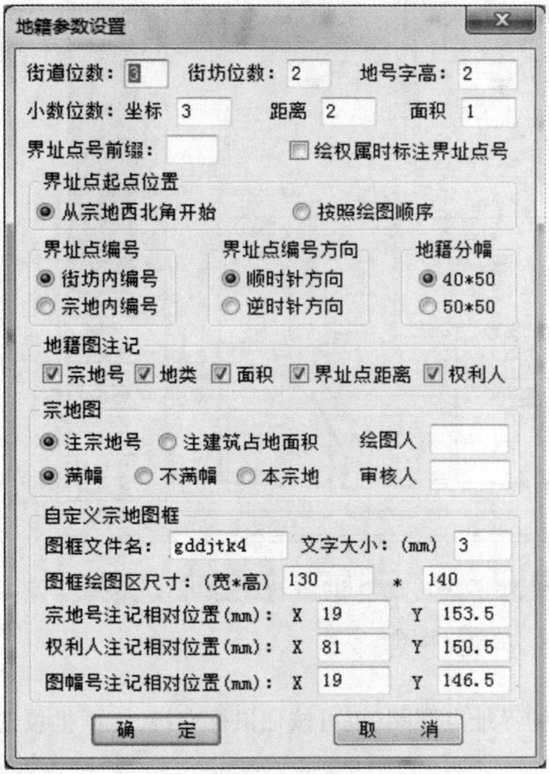

图 9.7　地籍参数设置

图 9.8　"地籍"下拉菜单

CASS 界面弹出要求输入权属信息数据文件名的对话框,这时输入权属信息数据文件,命令区提示:

"输入范围(宗地号.街坊号或街道号)<全部>":根据绘图需要,输入要绘制地籍图的范围,默认值为全部。

说明:可通过输入"街道号×××",或输入"街道号×××街坊号××",或输入"街道号×××街坊号××宗地号×××××",输入绘图范围后程序即自动绘出指定范围的权属图。例如,输入0010100001 只绘出该宗地的权属图,输入 00102 将绘出街道号为 001、街坊号为 02 的所有宗地权属图,输入 001 将绘出街道号为 001 的所有宗地权属图。

最后,得到如图 9.9 所示的图形,存盘为 C:\CASS7.0\DEMO\SOUTHDJ.DWG。

9.1.4　图形编辑

1)修改界址点点号

选取"地籍成图"菜单下"修改界址点号"功能。

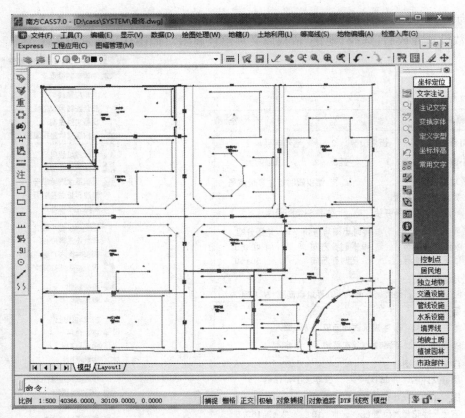

图 9.9　地籍权属图

屏幕提示：

"选择界址点圆圈"：点取自己要修改的界址点圆圈，也可按住鼠标左键，拖框批量选择。回车，出现如图 9.10 所示的对话框。

对话框的左上角就是要修改点的位置，提示的是它的当前点号，将它修改成所需求的数值，回车。

系统会自动在当前宗地中寻找输入的点号。如果当前宗地中已有该点号，系统将弹出对话框，说明该点已存在，如图 9.11 所示：如果输入的点号有效，系统将其写入界址点圆圈的属性中。当选择了多个界址点时，在下一个点的位置将出现如图 9.10 所示对话框，当然，点号变成当前点点号。

图 9.10　修改界址点对话框

图 9.11　提示已存在该点

2)重排界址点号

用此功能可批量修改界址点点号。

选取"地籍成图"菜单下"重排界址点号"功能。

屏幕提示：

"(1)手工选择按生成顺序重排(2)区域内按生成顺序重排(3)区域内按从上到下从左到右顺序重排<1>"系统默认选项(1)。

如果选择(1)屏幕提示"选择对象"：手工逐个选择需要进行重排的界址点,然后屏幕提示输入界址点号起始值:<1>,系统会将选定的点数按生成的顺序重排。

如果选择(2)屏幕提示"指定区域边界"：手工选择封闭区域,然后屏幕提示"输入界址点号起始值:<1>",系统会将封闭区域通过的点按生成顺序重排。

如果选择(3)屏幕提示"指定区域边界"：手工选择封闭区域,然后屏幕提示"输入界址点号起始值:<1>",系统会将封闭区域通过的点按从上到下从左到右的顺序重排。

重排结束,屏幕提示"排列结束,最大界址点号为××"。

3)界址点圆圈修饰(剪切\消隐)

用此功能可一次性将全部界址点圆圈内的权属线切断或消隐。

选取"地籍\界址点圆圈修饰\剪切"功能。屏幕在闪烁片刻后即可发现所有的界址点圆圈内的界址线都被剪切,由于执行本功能后所有权属线被打断,所以其他操作可能无法正常进行,因此建议此步操作在成图的最后一步进行,而且,执行本操作后将图形另存为其他文件名或不要存盘。一般来说,在出图前执行此功能。

选取"地籍\界址点圆圈修饰\消隐"功能。屏幕在闪烁片刻即可发现所有的界址点圆圈内的界址线都被消隐,消隐后所有界址线仍然是一个整体,移屏时可以看到圆圈内的界址线。

4)界址点生成数据文件

用此功能可一次性将全部界址点的坐标读出来,写入坐标数据文件中。

选取"地籍成图"菜单下"界址点生成数据文件"功能。

屏幕弹出对话框,提示输入生成的坐标数据文件名。输入文件名后点"确定"：

"(1)手工选择界址点(2)指定区域边界<1>"

如果选(1),回车后拖框选择所有要生成坐标文件的界址点。

如果只想生成一定区域内界址点的坐标数据文件,可先用复合线画出区域边界。此步选(2),然后点取所画复合线。这时生成的坐标数据文件中只包含区域内的点。

5)查找指定宗地和界址点

选取"地籍"菜单下"查找宗地"功能,弹出如图9.12所示对话框。根据已知条件选择查找的内容后,查找到符合条件的宗地居中显示。

选取"地籍"菜单下"查找界址点"功能,弹出如图9.13所示对话框。根据已知条件选择查找的内容后,查找到符合条件的界址点居中显示。

6)修改界址线属性

CASS5.1版之后,增加了界址线、界址点的属性管理功能,界址线属性中包含本宗地号、邻宗地号。本条界址线的起止界址点编号,图上边长和勘丈边长,界线性质、类别、位置属性,还包括宗地指界人及指界日期等属性。

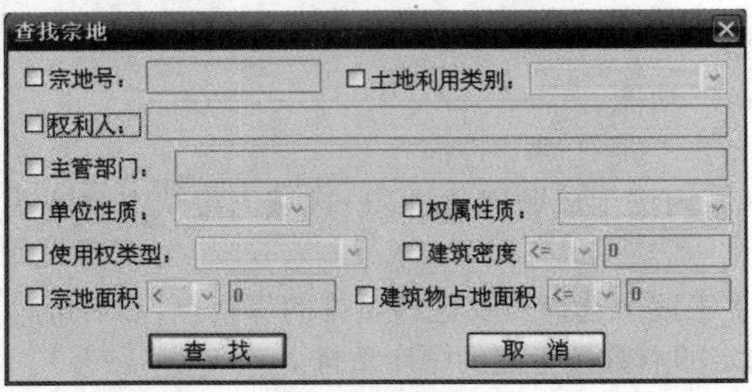

图 9.12 查找宗地对话框

图 9.13 查找界址点对话框

点取"地籍\修改界址线属性",屏幕提示"选择界址线所在宗地":选取宗地后屏幕提示
"指定界址线所在边<直接回车处理所有界址线>":选取界址线后弹出如图 9.14 所示对话
框。除了可以查看该线当前的性质,还可以按调查的情况添加界址线信息。

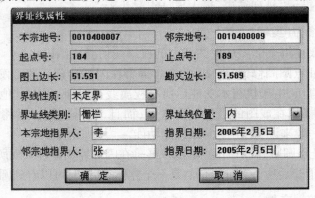

图 9.14 修改界址线属性

7)修改界址点属性

界址点圆圈中存放界址点号、界标类型和界址点类型等界址点属性。点取"地籍/修改
界址点属性"屏幕提示"请拉框选择要处理的界址点":选择界址点后弹出如图 9.15 所示对
话框。

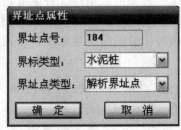

图 9.15 修改界址点属性

9.2　宗地属性处理

9.2.1　宗地合并

宗地合并每次将两宗地合为一宗。

选取"地籍成图"菜单下"宗地合并"功能。

屏幕提示：

"选择第一宗地"：点取第一宗地的权属线。

"选择另一宗地"：点取第二宗地的权属线。

完成后发现，两宗地的公共边被删除。宗地属性为第一宗地的属性。

9.2.2　宗地分割

宗地分割每次将一宗地分割为两宗地。执行此项工作前必须先将分割线用复合线画出来。

选取"地籍成图"菜单下"宗地分割"功能。

屏幕提示：

"选择要分割的宗地"：选择要分割宗地的权属线。

"选择分割线"：选择用复合线画出的分割线。

回车后原来的宗地自动分为两宗，但此时属性与原宗地相同，需要进一步修改其属性。

9.2.3　修改宗地属性

选取"地籍成图"菜单下"修改宗地属性"功能。

屏幕提示：

"选择宗地"：用鼠标单击宗地权属线或注记均可。点击后系统出弹出如图 9.16 所示对话框。

这个对话框是宗地的全部属性，一目了然。

9.2.4　输出宗地属性

输出宗地属性功能可以将如图 9.16 所示的宗地信息输出到 ACCESS 数据库。

选取"地籍成图"菜单下"输出宗地属性"功能。屏幕弹出对话框，提示输入 ACCESS 数据库文件名，输入文件名。"请选择要输出的宗地"：选取要输出的到 ACCESS 数据库的宗地。选完后回车，系统将宗地属性写入给定的 ACCESS 数据库文件名。用户可自行将此文件用微软的 ACCESS 打开来看。

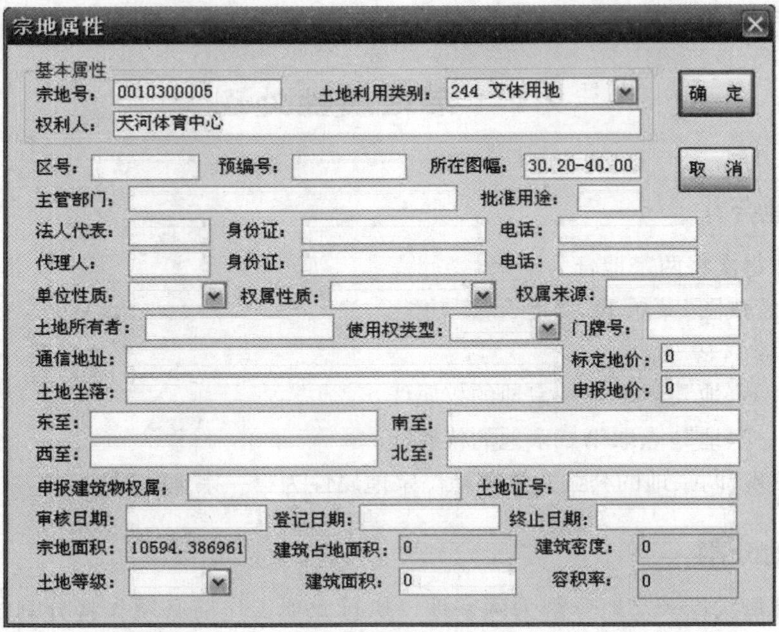

图 9.16 宗地属性对话框

9.3 绘制宗地图

在完成上节操作绘制地籍图以后,便可制作宗地图了。具体有单块宗地和批量处理两种方法,两种都是基于带属性的权属线。

9.3.1 单块宗地

该方法可用鼠标划出切割范围。打开图形 C:\CASS7.0\DEMO\SOUTHDJ.DWG。选择"绘图处理\宗地图框(可缩放图)\A4 竖\单块宗地"。弹出如图 9.17 所示对话框。根据需要选择宗地图的各种参数后点击"确定",屏幕提示如下:

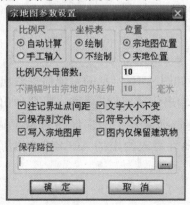

图 9.17 宗地图参数设置

"用鼠标器指定宗地图范围——第一角":用鼠标指定要处理宗地的左下方。

"另一角":用鼠标指定要处理宗地的右上方。

"用鼠标器指定宗地图框的定位点":屏幕上任意指定一点。

一幅完整的宗地图就画好了,如图 9.18 所示 。

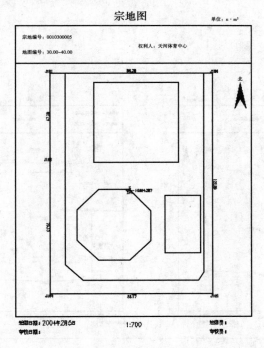

图 9.18 单块宗地图

9.3.2 批量处理

该方法可批量绘出多宗宗地图。打开 SOUTHDJ. DWG 图形,选择"绘图处理\宗地图框\A4 竖\批量处理"。命令区提示:

"用鼠标器指定宗地图框的定位点":指定任一位置。

"请选择宗地图比例尺:(1)自动确定(2)手工输入<1>":直接回车默认选 1。

"是否将宗地图保存到文件? (1)否(2)是<1>":回车默认选 1。

"选择对象":用鼠标选择若干条权属线后回车结束,也可开窗全选。

若干幅宗地图画好了,如图 9.19 所示。如果要将宗地图保存到文件,则在所设目录中生成若干个以宗地号命名的宗地图形文件,而且可以选择按实地坐标保存。

另外,用户可以自己定制宗地图框。首先需要新建一幅图,按自己的要求绘制一个合适的宗地图框,并在 C:\CASS7.0\BLOCKS 目录下保存为合适的图名。然后,在"地籍成图"下拉菜单下的"地籍参数设置"里更改自定义宗地图框里的内容。将图框文件名改为所定义的文件名,设置文字大小和图幅尺寸,输入宗地号、权利人、图幅号。各种注记相对于图框左下角的坐标。地籍权属的参数设置参见图 9.7。将地籍权属的参数配置设置好后,就可以使用"绘图处理"下拉菜单中的"宗地图框(可缩放图)\自定义"功能,此菜单下又分为"单块宗地"和"批量处理"两种。依此操作即可加入自定义的宗地图框。

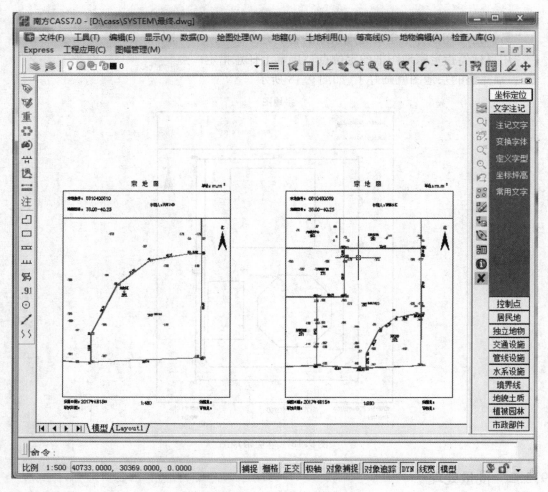

图 9.19　批量作宗地图

9.4　绘制地籍表格

9.4.1　界址点成果表

选择"绘图处理\绘制地籍表格\界址点成果表"项,弹出对话框要求输入权属信息数据文件名,输入 C:\CASS7.0\DEMO\SOUTHDJ.QS。

命令区提示:

"用鼠标指定界址点成果表的点":用鼠标指定界址点成果表放置的位置。

"手工选择宗地:(2)输入宗地号<1>":回车默认选 1。

"选择对象":拉框选择需要出界址点表的宗地。

"是否批量打印(Y/N)？<N>":回车默认不批量打印。

根据绘图需要,输入要绘制界址点成果表的宗地范围,可以输入"街道号×××",或输入"街道号×××街坊号××",或输入"街道号×××街坊号××宗地号×××××",程序默认值为绘全部宗地的界址点成果表。例如,输入 0010100001 只绘出该宗地的界址点成果表,输入 00102 将绘出街道号为 001、街坊号为 02 内所有宗地的界址点成果表,输入 001 将绘出街道号为 001 内所有宗地的界址点成果表。

用鼠标器指定界址点成果表的定位位置,移动鼠标到使用者所需的位置(鼠标点取的位置即是界址点成果表表格的左下角位置)按下左键,随即自动生成符合范围宗地的界址点成果表,如表9.1 所示。表格的大小正好为 A4 尺寸。

表 9.1　0010100001 宗地的界址点成果表

界址点成果表				第　1　页
宗 地 号 0010100001				共　1　页
宗 地 名 天河中学				
宗 地 面 积/平方米　7 509.3				
建 筑 占 地/平方米　0.0				
界址点坐标				
序　号	点　号	坐　标		边　长
		x/m	y/m	
1	37	30 299.733	40 049.668	
2	36	30 299.733	40 170.414	120.75
3	181	30 299.747	40 179.014	8.60
4	182	30 252.386	40 178.947	47.36
5	41	30 252.358	40 170.419	8.53
6	40	30 252.379	40 098.812	71.61
7	39	30 224.219	40 098.812	28.16
8	38	30 224.210	40 049.646	49.17
1	37	30 299.733	40 049.669	75.52

制表:张　　　　审核:张　　　　2005 年 12 月 25 日

9.4.2 界址点坐标表

选择"绘图处理\绘制地籍表格\界址点坐标表"命令,命令区提示:

"请指定表格左上角点":用鼠标点取屏幕空白处一点。

"请选择定点方法:(1)选取封闭复合线(2)逐点定位<1>":回车默认选1。

"选择复合线":用鼠标选取图形上一代表权属线的封闭复合线。

表格如表9.2所示。

表9.2 界址点坐标表

点　号	X	Y	边　长
J1	30 299.747	40 179.014	
			86.38
J2	30 229.860	40 265.398	
			122.89
J3	30 176.975	40 265.402	
			86.17
J4	30 177.260	40 179.228	
			75.13
J5	30 252.386	40 178.947	
			47.36
J1	30 229.747	40 179.014	
S=10 594.4 m² 　合 15.891 6 亩			

9.4.3 以街坊为单位界址点坐标表

选择"绘图处理\绘制地籍表格\以街坊为单位界址点坐标表"命令,则命令区提示:

"(1)手工选择界址点(2)指定街坊边界<1>":回车默认选1。

"选择对象":鼠标拉框选择界址点。

"请指定表格左上角点":屏幕上指定生成坐标表位置。

"输入每页行数:(20)"默认为20行/页。

表格如表9.3所示。

表9.3 以街坊为单位界址点坐标表

序　号	点　名	X坐标	Y坐标
21	J187	30 299.874	40 349.797
22	J188	30 177.383	40 349.756
23	J189	30 125.671	40 178.789
24	J190	30 105.434	40 178.789
25	J191	30 049.854	40 179.074
26	J192	30 053.188	40 050.074
27	J193	30 177.215	40 270.317
28	J194	30 052.219	40 349.630
29	J195	30 168.152	40 270.296
30	J196	30 125.669	40 270.296
31	J197	30 125.669	40 242.080
32	J198	30 052.219	40 242.103
33	J199	30 105.453	40 050.144

9.4.4　以街道为单位宗地面积汇总表

选择"绘图处理\绘制地籍表格\以街道为单位宗地面积汇总表"项,弹出对话框要求输入权属信息数据文件名,输入 C:\CASS7.0\DEMO\SOUTHDJ.QS,命令区提示:

"输入街道号":输入 001,将该街道所有宗地全部列出。

"输入面积汇总表左上角坐标":用鼠标点取要插入表格的左上角点。

出现如表 9.4 所示的表格。

表 9.4　以街道为单位宗地面积汇总表

____市____区 01 街道

项　目 地 籍 号	地类名称 (有二级类的列二级类)	地类代号	面积/m²	备　注
010100001	教育	44	7 509.28	
010100002	商业服务业	11	8 299.25	
010200003	旅游业	12	9 284.08	
010200004	医卫	45	6 946.25	
010300005	文、体、娱	41	10 594.39	
010300006	铁路	61	10 342.36	
010400007	商业服务业	11	4 596.56	
010400008	机关、宣传	42	4 716.92	
010400009	住宅用地	50	9 547.89	
010400010	教育	44	2 613.77	

9.4.5　城镇土地分类面积统计表

选择"绘图处理\绘制地籍表格\城镇土地分类面积统计表"项,命令区提示:

"请输入最小统计单位:(1)街道(2)街坊<1>":输入 2。

"输入要统计的街道名":输入 001。

弹出对话框要求输入权属信息数据文件名,输入 C:\CASS7.0\DEMO\SOUTHDJ.QS,命令区提示:

"输入分类面积统计表左上角坐标":用鼠标点取要插入表格的左上角点。

绘出表格如表 9.5 所示。

表9.5　城镇土地分类面积统计表

行政单位	城镇土地总面积	商业金融业用地				工业仓储用地			市政用地			公共建设用地					
		小　计	商业服务业	旅游业	金融保险业	小计	工业	仓储	小计	市政公用设施	绿化	小计	文、体、娱	机关宣传	科研设计	教育	医卫
		10	11	12	13	20	21	22	30	31	32	40	41	42	43	44	44
0104	21 575.14	4 688.58	4 808.58	0.00	0.00	0.00	0.00	0.00	0.00	0.00	0.00	7 330.68	0.00	4 718.82	0.00	2 813.77	0.00
0130	20 907.28	0.00	0.00	0.00	0.00	0.00	0.00	0.00	0.00	0.00	0.00	10 084.36	10 084.36	0.00	0.00	0.00	0.00
0102	18 130.33	7 084.08	0.00	8 184.08	0.00	0.00	0.00	0.00	0.00	0.00	0.00	8 668.25	0.00	0.00	0.00	0.00	4 848.25
0101	15 508.53	8 089.25	8 089.25	0.00	0.00	0.00	0.00	0.00	0.00	0.00	0.00	7 500.28	0.00	0.00	0.00	7 504.28	0.00

行政单位	交通用地					特殊用地					水域用地	农用地					其他用地
	小　计	铁　路	民用机场	港口码头	其他交通	小计	军事设施	涉外	宗教	监狱		小计	水田	菜地	旱地	园地	
50	60	61	62	63	64	70	71	72	73	74	80	90	91	92	93	94	00
5 847.89	0.00	0.00	0.00	0.00	0.00	0.00	0.00	0.00	0.00	0.00	0.00	0.00	0.00	0.00	0.00	0.00	0.00
	10 342.58	10 342.58	0.00	0.00	0.00	0.00	0.00	0.00	0.00	0.00	0.00	0.00	0.00	0.00	0.00	0.00	0.00
	0.00	0.00	0.00	0.00	0.00	0.00	0.00	0.00	0.00	0.00	0.00	0.00	0.00	0.00	0.00	0.00	0.00
	0.00	0.00	0.00	0.00	0.00	0.00	0.00	0.00	0.00	0.00	0.00	0.00	0.00	0.00	0.00	0.00	0.00

9.4.6　街道面积统计表

选择"绘图处理\绘制地籍表格\街道面积统计表"项,弹出对话框要求输入权属信息数据文件名,输入 C：\CASS7.0\DEMO\SOUTHDJ.QS,命令区提示：

"输入面积统计表左上角坐标"：用鼠标点取要插入表格的左上角点。

如表9.6所示。由于本例使用的权属信息数据文件只有一个街道,故表中只有一行,街道名栏可手工添入。

表9.6　街道面积统计表

街道号	街道名	总面积
C10		74 551.25

9.4.7　街坊面积统计表

选择"绘图处理\绘制地籍表格\街坊面积统计表"项,命令区提示：

"输入街道号"：输入 001。

弹出对话框要求输入权属信息数据文件名,输入 C：\CASS7.0\DEMO\SOUTHDJ.QS,命令区提示：

"输入面积统计表左上角坐标"：用鼠标点取要插入表格的左上角点。

作出表格如表9.7所示。

表 9.7　001 街道街坊面积统计表

街坊号	街坊名	总面积/m²
00104		21 575.22
00103		20 937.31
00102		16 230.27
00101		15 808.26

9.4.8　面积分类统计表

选择"绘图处理\绘制地籍表格\面积分类统计表"项,命令区提示:

"输入街道号":输入 001。弹出对话框要求输入权属信息数据文件名,输入 C:\CASS70\DEMO\SOUTHDJ. QS,命令区提示:

"输入面积分类表左上角坐标":用鼠标点击要插入表格的左上角点。

如表 9.8 所示,对权属信息数据文件 SOUTHDJ. QS 中所有的宗地都进行了统计。

表 9.8　面积分类统计表

土地类别		面积/m²
代　码	用　途	
50	住宅用地	9 547.89
42	机关、宣传	4 716.92
61	铁路	10 342.86
41	文、体、娱	10 594.39
45	医卫	6 946.25
12	旅游业	9 284.08
11	商业服务业	12 995.80
44	教育	10 123.06

9.4.9　街道面积分类统计表

选择"绘图处理\绘制地籍表格\街道面积分类统计表"项,命令区提示:

"输入街道号":输入 001。

弹出对话框要求输入权属信息数据文件名,输入 C:\CASS7.0\DEMO\SOUTHDJ. QS,命令区提示:

"输入面积统计表左上角坐标":用鼠标点取要插入表格的左上角点。

由于 SOUTHDJ. QS 中只有"001"一个街道,故生成的表格和图 9.19 一样。

9.4.10 街坊面积分类统计表

选择"绘图处理\绘制地籍表格\街坊面积分类统计表"项,命令区提示:

"输入街道街坊号":输入00101。

弹出对话框要求输入权属信息数据文件名,输入 C:\CASS7.0\DEMO\SOUTHDJ.QS,命令区提示:

"输入面积统计表左上角坐标":用鼠标单击要插入表格的左上角点。

绘出表格如表9.9所示。

表9.9 001街道01街坊面积分类统计表

土地类别		面积/m^2
代　码	用　途	
11	商业服务业	8 299.25
44	教育	7 509.28

第 *10* 章　土地详查

本章主要介绍土地详查和土地勘测定界的一般过程。

本章主要内容如下：

①如何进行土地详查。

②土地勘测定界中块状工程的一般流程。

③土地勘测定界中线状工程的一般流程。

④如何生成土地勘测定界成果。

土地详查主要用于城镇土地利用情况的统计工作。根据行政区界线、权属界线、权属区内的图斑界线类型来统计一定行政区或权属区内土地的分类和利用情况。

10.1　土地详查

土地详查将土地分为农用地、建设用地、未利用地 3 大类，每大类下再细分至具体类型，如 2 表示建设用地，21 表示商服用地，211 表示商业用地。

土地详查功能包括：绘制行政区界、绘制权属区界、生成地类界线（包括线状地类、零星地类）、修改地类要素属性、土地利用图质量控制、统计土地利用面积等。

10.1.1　绘制土地利用图

1）绘制行政区界

土地利用图中，行政区界按级别划分，从大到小分别是：县区界、乡镇届、村界、村民小组。每一级的行政区界都有两种画法，如图 10.1 所示。

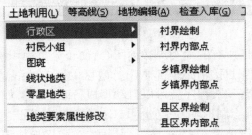

图 10.1　绘制行政区界菜单

（1）直接绘制

如画村界时，选择"土地利用\行政区\村界绘制"命令，进入多功能复合线直接绘制村界的功能,关于多功能复合线的操作详见菜单"工具\多功能复合线"说明。绘制完成,屏幕弹出如图10.2所示的行政区属性对话框,要求输入村界的相关信息,便于后续的统计工作。

图 10.2　行政区属性对话框

单击按钮"确定",命令行提示:

"行政区域注记位置":用鼠标点取行政区内部一点,程序自动在该点绘上行政注记,如图10.3所示。

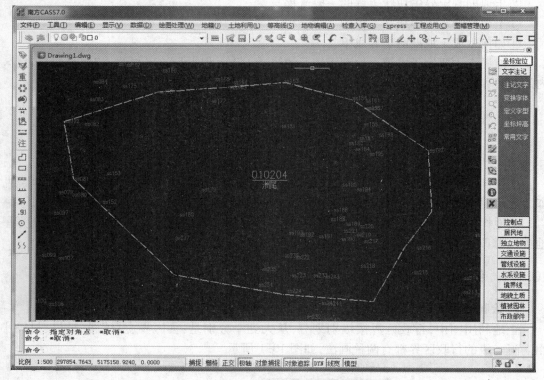

图 10.3　注记示意图

在土地详查中,要保证所有的地类界必须闭合,便于分类面积统计。

在已有的地类界上绘图时,不必全部画出行政区的所有边线,只要绘制部分边线,保证与已有的地类线形成封闭区域,程序就可以自动形成行政区界。如图10.4所示,要形成"村民小组"A,B,C,D,E,则绘制时只需点击B,C,程序自动弹出村民小组属性对话框,如图10.5所示。完成属性信息录入之后,命令行提示"行政区域注记位置:"时,如果在封闭区域A,B,C,D,E内部点取一点,就可以形成"村民小组"A,B,C,D,E如图10.6所示;如果在封闭区域B,F,G,H,I,C内部点取一点,则会形成"村民小组"B,F,G,H,I,C。

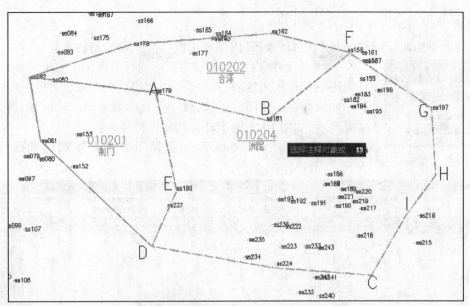

图 10.4　绘制行政区界示意图

图 10.5　村民小组属性对话框

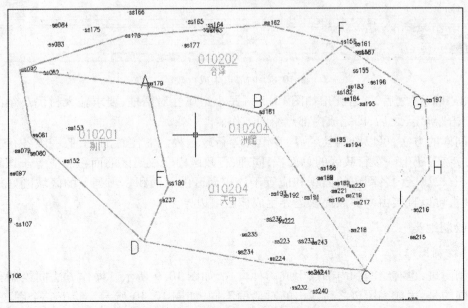

图 10.6　绘制行政区界成果图

（2）内部点生成

画村民小组时，选择"土地利用\行政区\内部点生成"命令，命令行提示：

图 10.7　消息框

"输入行政区内部一点"：用鼠标在行政区图上点取一点，如果该点周边不存在封闭区域，程序会弹出如图 10.7 所示消息框。

如果存在一个闭合区域，程序将自动搜索该闭合区域，并用阴影高亮显示，如图 10.8 所示；同时，命令行显示：

"是否正确？（Y/N）<Y>"：直接回车默认为 Y，即确认；否则输入 N，取消操作。

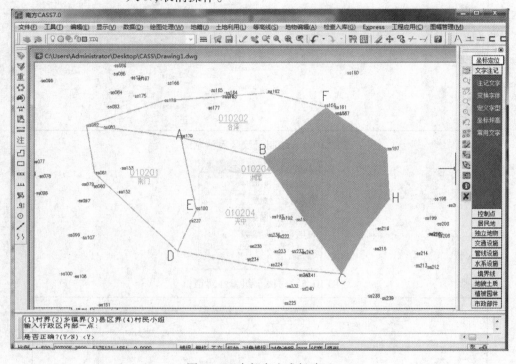

图 10.8　内部点生成行政区

单击"确认"之后，屏幕弹出如图 10.5 村民小组属性对话框，要求输入村民小组的属性信息，单击"确定"之后，即完成内部点绘图工作。

以同样的方法，可以绘制县区界、乡镇界等行政区界。需注意的是，低一级各行政区的面积和应该等于上一级行政区的总面积，同理，行政区内子权属区的面积和应等于该行政区的总面积，权属区内各图斑的面积和应等于该权属区的总面积。当剩下的区域刚好构成一个区域时，可以直接由内部点提取边界生成该区域边界。

2）绘制地类

（1）绘制图斑

绘制图斑，也有绘图和内部点生成两种方式，如图 10.9 所示。操作方法同绘制行政区界。不同的是，生成完图斑之后弹出的对话框不同，如图 10.10 所示。绘下一个图斑时，图斑号将"自动累加"，权属信息保留上一次填入的信息，方便图斑属性录入。

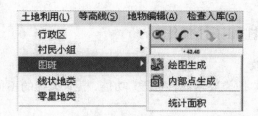

图 10.9　图斑菜单结构

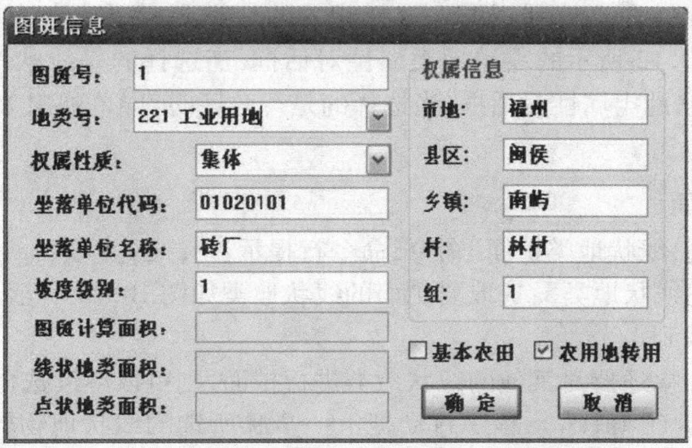

图 10.10　图斑信息对话框

（2）绘制线状地类

选择"土地利用\线状地类"命令，进入多功能复合线直接绘制线状地类的状态，关于多功能复合线的操作详见菜单"工具\多功能复合线"说明。绘制完成，屏幕弹出如图 10.11 所示的线状地类属性对话框，要求输入线状地类的相关信息，便于后续的统计工作。

（3）绘制零星地类

选择"土地利用\零星地类"命令，命令行提示：

"输入零星地类位置"：在土地利用图上点取零星地类的位置，屏幕弹出如图 10.12 所示的零星地类属性对话框。输入零星地类的"地类代码"和"零星地类的面积"，单击"确定"保存并退出，完成一个零星地类的绘制。

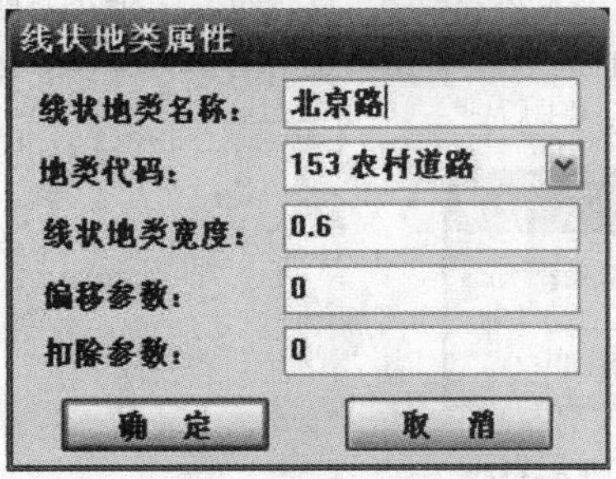

图 10.11　线状地类属性对话框 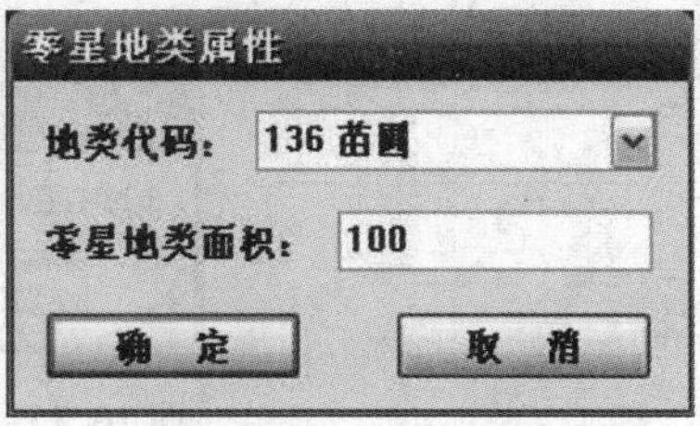　　　　图 10.12　零星地类属性对话框

10.1.2 地类要素属性和拓扑操作

1)地类要素属性修改

CASS 提供了强大的"地类要素属性修改"功能,根据选择的不同类型的地类要素,弹出相应的地类要素属性框。

选择"土地利用\地类要素属性修改"命令,命令行提示:

"选择地类要素":在土地利用图上选择相关的地类要素,如,当选择的是"零星地类"时,屏幕弹出如图 10.12 所示的零星地类属性对话框,当选择的是线状地类时,屏幕弹出如图 10.11 所示的线状地类属性对话框;当选择的是行政区时,屏幕弹出如图 10.12 所示的行政区属性对话框等。

2)线状地类扩面

选择"土地利用\线状地类扩面"命令,命令行提示:

"选择要扩面的线状地类":选取要扩面的线状地类如图 10.13 所示,提示:

"选择对象":找到 1 个。

"选择对象":如果还要对其他的线状地类进行扩面,则可以继续选择其他线状地物。

回车或单击右键("确认"),程序自动把上一步骤所选的线状地物转换为图斑地类(面状),如图 10.14 所示。转换过程中,"保证地类号不变"。处理完成,命令行提示:

"共处理了 1 条面状地类"。

图 10.13　线状地类扩面(1)　　　　　　图 10.14　线状地类扩面(2)

接着,可以用"地类要素属性修改"功能修改新建的图斑的信息。

3)线状地类检查

处理跨图斑的线状地类时,可以选择"土地利用\线状地类检查"命令,如果图面存在跨越图斑的线状地类,则屏幕弹出如图 10.15 所示的消息框,单击"是",程序自动以图斑边线切割所有跨越图斑的线状地类;单击"否",则取消本次操作。

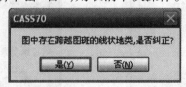

图 10.15　线状地类检查消息框

如果图面不存在跨越图斑的线状地类,命令行提示:

"图形中不存在跨越图斑的线状地类"。

4）图斑叠盖检查

选择"土地利用\图斑叠盖检查"命令，命令行提示：

"选择边界线"：选择图上要进行图斑叠盖检查的范围（边界）。

如果图面上存在图斑叠盖，则命令行会显示如下信息：

"9，图斑 9 存在空隙"

"起点：53424.650,31367.770 终点：53386.840,31353.320"

"10，图斑 8 与图斑 0 存在交叉"

"交叉位置：53400.7228,31371.2941"

"11，图斑 8 与图斑 9 存在交叉"

"交叉位置：53412.1550,31370.5870"

"检查完成"

同时，弹出如图 10.16 所示的图斑叠盖检查消息框。

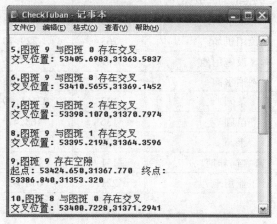

图 10.16　图斑叠盖检查消息框

如果图面上不存在图斑叠盖，命令行提示：

"检查完成"

"没有发现图斑交叉与空隙问题"

5）分级面积控制

选择"土地利用\分级面积控制"命令：

如果各级行政区与其下一级的各子面积之和都相等，则屏幕弹出如图 10.17 所示的消息框。

否则，弹出如图 10.18 所示的消息框。

图 10.17　图斑叠盖检查正确消息框

图 10.18　图斑叠盖检查出错消息框

10.1.3 统计面积

1) 统计图斑面积

选择"土地利用\图斑\统计面积"命令,命令行提示:

"输入统计表左上角位置":在图面空白处点取一点,确定统计表左上角的位置。

"(1)选目标(2)选边界<1>":第一种方式是直接选取要统计的图斑,第二种方式是选取要统计图斑的边界;默认选项是直接框选统计图斑。

执行完上一步操作后,按回车或右键("确定"),程序自动在刚才点取的位置输出土地分类面积统计表,如表10.1 所示。

表 10.1 土地分类面积统计表

序号	地类名称 (有二级类的列二级类)	地类号	面积/m²	备 注
1	养殖水面	155	1 479.03	
2	民用机场	263	1 229.70	
3	军事设施用地	281	1 057.05	
4	湖泊水面	322	1 355.18	
5	茶园	123	1 161.99	
6	苗圃	136	468.47	
7	果园	121	446.18	
8	畜禽饲养地	151	796.62	
9	工业用地	221	614.05	
合计			8 605.27	

2) 统计土地利用面积

选择"土地利用\统计土地利用面积"命令,命令行提示:

"选择行政区或权属区":在图面上选取要统计土地利用面积的行政区或权属区。

"输入每页行数:<20>":输入每页的行数,默认为20。

"输入分类面积统计表左上角坐标":在图面空白处点取统计表的左上角坐标。

执行完上一步操作后,程序自动在刚才点取的位置输出城镇土地分类面积统计表,如表10.2 所示。

表 10.2 城镇土地分类面积统计表

行政单位	城镇土地总面积	农用地						建设用地									未利用地			备注
		合计	耕地	园地	林地	草地	其他地类	合计	商服用地	工矿仓储用地	公共管理用地	公共服务用地	住宅用地	交通运输用地	水工建筑用地	特殊用地	合计	沼泽土地	其他土地	
			小计	小计	小计	小计	小计		小计	小计	小计	小计	小计	小计	小计	小计		小计	小计	
		1	11	12	13	14	15	2	21	22	23	24	25	26	27	28	3	31	32	
0104	4 363.3	3 029.3	0.0	0.0	0.0	3 029.3	0.0	1 334.0	0.0	1 334.0	0.0	0.0	0.0	0.0	0.0	0.0	0.0	0.0	0.0	

10.2　块状工程作业一般流程

土地勘测定界(以下简称勘测定界)是根据土地征用、划拨、出让、农用地转用、土地利用规划及土地开发、整理、复垦等工作的需要,实地界定土地使用范围、测定界址位置、调绘土地利用现状、计算用地面积,为国土资源行政主管部门用地审批和地籍管理提供科学、准确的基础资料而进行的技术服务性工作。

10.2.1　绘制土地勘测定界图

1)绘制境界线

CASS 提供了多种类型的境界线,如图 10.19 所示的绘制功能,包括省界、市界、县界等。例如,绘制"市界",选择"土地利用\绘制境界线\市界"命令,进入多功能复合线绘制市界的功能。关于多功能复合线的操作详见菜单"工具\多功能复合线"说明。

2)生成图斑

绘完境界线,就可以用"图斑自动生成"功能自动生成图斑。

选择"土地利用\图斑自动生成"命令,屏幕弹出如图 10.20 所示的对话框,输入相关参数,其中"图斑最长边长"文本框须填入 2 ～ 10 000 的数字。单击"确定",即可根据境界线图,自动生成图斑。

图 10.19　绘制境界线菜单

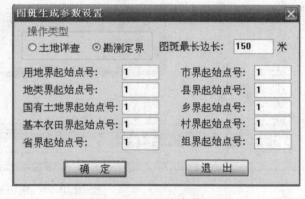

图 10.20　图斑生成参数设置

该功能只在境界线中,搜索所有封闭区域,然后生成图斑。如果要使其他线也参与封闭区域计算,要用"土地利用\设置图斑边界"功能,把其他线设置成图斑边界,待图斑生成之后,可以用"土地利用\取消图斑边界设置"的功能,取消图斑边界的设置。如图 10.21、图 10.22 显示了设置图斑边界前后复合线的状态。

3)图斑加属性

选择"土地利用\图斑加属性"命令,命令行提示:

"请指定图斑内部一点":在现有的图斑内部点取一点,程序将自动搜索该图斑并用阴影高亮显示,如图 10.23 所示。同时,弹出图斑信息对话框,录入相关信息后,单击按钮"确定",退出图斑信息对话框,进入下一图斑的属性添加。

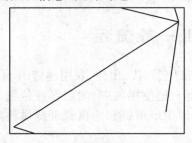

图 10.21　设置图斑边界前的复合线

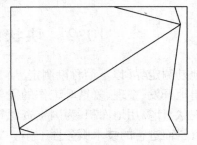

图 10.22　设置图斑边界后的复合线

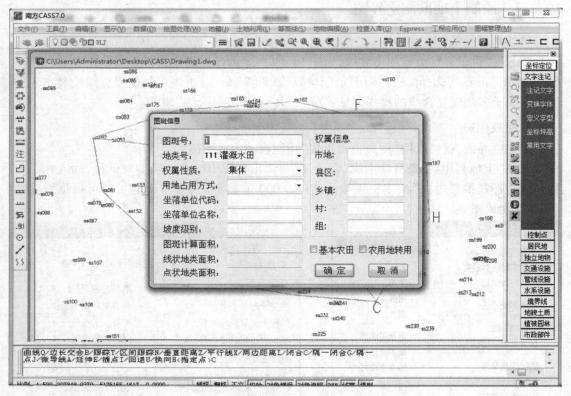

图 10.23　图斑加属性

图 10.24　消息框

如果该点周边不存在封闭区域,程序会弹出如图 10.24 所示的消息框。

为避免遗漏,用"土地利用\搜索无属性图斑"功能全图搜索未加属性的图斑并居中显示,然后可以用"土地利用\图斑加属性"命令为其加属性。如果图面不存在未加属性的图斑,命令行提示:"没有发现无属性的图斑"。

10.2.2　土地勘测定界图整饰

选择"土地利用\图斑颜色填充"命令,命令行提示:

1) 图斑颜色填充

"请选择要填色的图斑":选取要填充颜色的图斑。

"选择对象:指定对角点:找到 237 个,11 个编组"。

"选择对象":如果还要对其他的图斑进行颜色填充,则可以继续选择其他线状地物。

回车或点右键("确认"),程序自动依据地类定义文件(dilei. def)中设置的颜色填充图斑,如图 10. 25 所示。

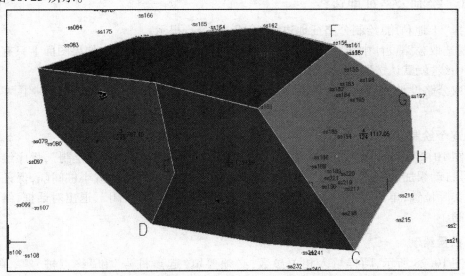

图 10. 25　图斑颜色填充效果图

如果要取消对图斑的颜色填充,可选择"土地利用\删除图斑颜色填充"命令。

2) 图斑符号填充

选择"土地利用\图斑符号填充"命令,程序自动依据地类定义文件中设置的符号填充图斑,如图 10. 26 所示。

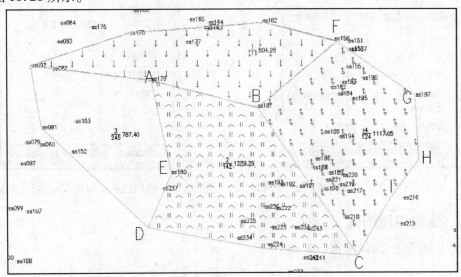

图 10. 26　图斑符号填充效果图

如果要取消对图斑的符号填充,可选择"土地利用\删除图斑符号填充"命令。

10.3 线状工程作业一般流程

10.3.1 绘制公路征地边线

选择"土地利用\绘制公路征地边线"命令,命令行提示:

"请选取公路设计中线":选择要绘制征地边线的公路设计中线;如果图面上只有一条公路设计中线,就默认选取该线,无需再手工选取。

选取公路设计中线,程序弹出绘制公路征地边线的对话框。CASS 提供了两种绘制方式。

1)逐个绘制

如图 10.27 所示,填入相关的参数,如桩间隔、桩号、边框等,单击"绘制",程序绘完一个桩,桩号自动累加,准备下一个桩的绘制;其中在拐弯的地方可适当减小桩间隔,保证边线尽量逼近实际位置;单击"回退",可以撤销最后绘制的桩;单击"关闭",退出对话框,结束征地边线绘制。

2)批量绘制

如图 10.28 所示,同样填入相关参数,必须要填"起点桩号"和"终点桩号",单击"绘制",程序根据用户所填的参数,批量绘制出涉及的所有的桩;单击"回退",撤销上一次批量绘制的桩;单击"关闭",退出对话框,结束征地边线绘制。

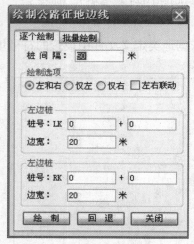
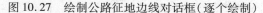

图 10.27 绘制公路征地边线对话框(逐个绘制)

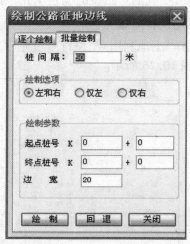

图 10.28 绘制公路征地边线对话框(批量绘制)

10.3.2 线状用地图框

线状用地图框的菜单如图 10.29 所示。

图 10.29　线状用地图框的菜单

1) 单个加入图框

选择"土地利用\线状用地图框\单个加入图框"命令,命令行提示:

"请输入图框左下角位置":沿公路设计中线,点取图框的左下角位置,屏幕显示要加入的图框,并确定图框的旋转方向,如图 10.30 所示。

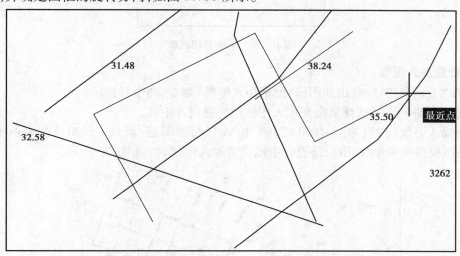

图 10.30　加入单个图框

2) 单个剪切图框

选择"土地利用\线状用地图框\单个剪切图框"命令,命令行提示:

"请输入图框左下角位置":沿公路设计中线,点取图框的左下角位置,屏幕显示要加入的图框,并确定图框的旋转方向,如图 10.31 所示。

图 10.31　图框保存路径对话框

"选择图框":选择要剪切的图框。

"请指定图框定位点":在图面空白处点取图框的绘制位置,屏幕弹出如图 10.31 所示的图框保存路径对话框,选择图框文件的保存路径,单击"确定",如果不保存,则单击"取消";接着程序在刚才指定的图框定位点,绘出完整的图框内容,如图 10.32 所示。

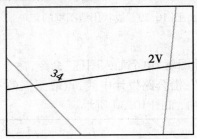

图 10.32 单个剪切图框

3)批量加入图框

选择"土地利用\线状用地图框\批量加入图框"命令,命令行提示:

"选择道路中线":选择要批量加入图框的公路设计中线。

"请输入分幅间距(米):<800>"190:输入分幅的间距,默认是 800。在本例中,输入 190。程序根据相关参数,沿公路设计中线批量加入图框,如图 10.33 所示。

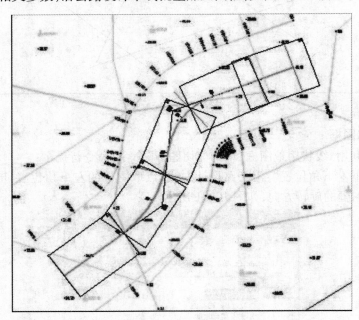

图 10.33 加入单个图框

4)批量剪切图框

选择"土地利用\线状用地图框\批量剪切图框"命令,命令行提示:

"选择道路中线":选择要批量剪切图框的公路设计中线;程序自动搜索该中线上所有存在的图框。

"请输入图幅起始页数<1>":输入图幅起始的页数,默认为 1,即第一个图框的图号为 1。

"请输入图幅总页数<5>":输入图幅起始的页数,默认为(起始页数+总页数−1)。

"请指定图框定位点":在图面空白处点取图框的绘制位置;屏幕弹出如图 10.31 图框保存路径对话框,选择图框文件的保存路径,单击"确定";如果不保存,则单击"取消";接着程序在刚才指定的图框定位点,绘出所有的图框内容,并标上图号,如图 10.34 所示。

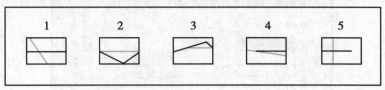

图 10.34 批量剪切图框

10.4 土地勘测定界成果

10.4.1 用地项目信息录入

选择"土地利用\用地项目信息录入"命令,屏幕弹出项目信息录入的对话框,如图 10.35 所示。填写相关参数,单击"确定",作为勘测定界报告书的部分内容。该信息只存在当前的图形文件中。

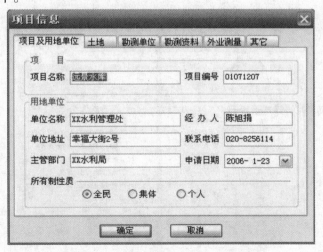

图 10.35 土地勘界报告书对话框

10.4.2 土地勘测定界报告书

选择"土地利用\输出勘测定界报告书"命令,屏幕弹出土地勘界报告书对话框,如图 10.36 所示。填写相关参数,单击"确定",程序生成勘测定界报告书,并保存在对话框填写的报告书保存路径中。

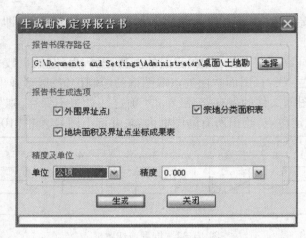

图 10.36　土地勘界报告书对话框

接着,屏幕弹出土地勘界报告书对话框,如图 10.37 所示。单击"是",程序打开上一步骤生成的勘测定界报告书;单击"否",退出对话框。

图 10.37　土地勘界报告书完成对话框

生成的报告书,如图 10.38 所示。

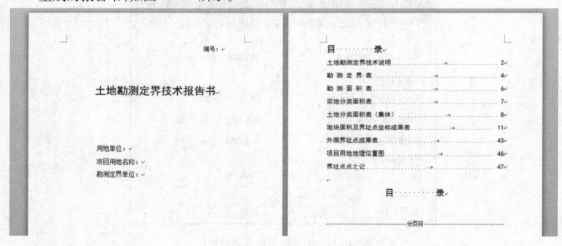

图 10.38　土地勘界报告书

10.4.3　电子报盘系统

选择"土地利用\输出电子报盘系统"命令,屏幕弹出选择报盘系统数据库文件的对话框,如图 10.39 所示。选择目标文件,单击"打开",程序将把当前图面上的土地勘测定界信息导入报盘系统数据库文件中；单击"取消"，放弃本次操作，退出对话框。

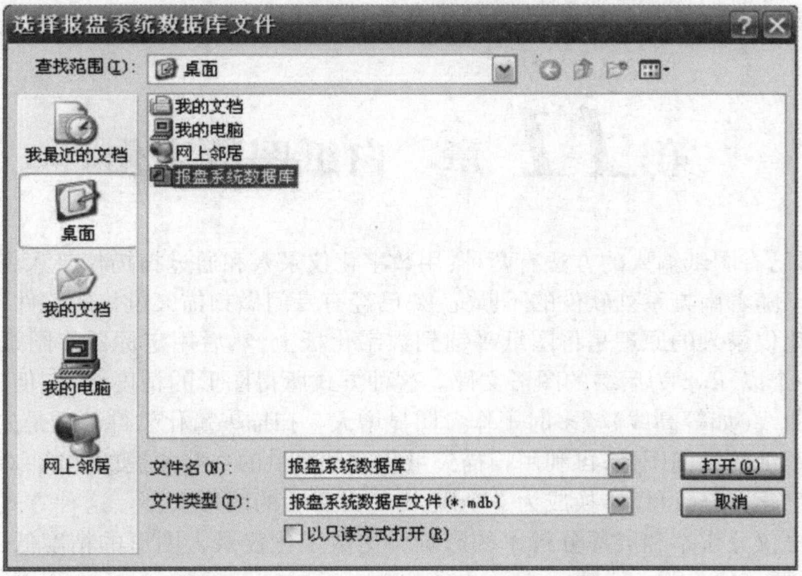

图 10.39　选择报盘系统数据库文件

第 *11* 章　白纸图数字化

　　CASS 对已有图纸输入的方法有两种：用数字化仪录入和通过扫描仪录入图纸后再进行屏幕数字化。随着南方系列软件的不断完善，已经有专门做扫描矢量化的软件 CASSCAN。

　　用数字化仪录入的原理是将图纸平铺到数字化板上，然后用定标器将图纸逐一描入计算机，得到一个以.dwg 为后缀的图形文件。这种方式所得图形的精度较高，但工作量较大，尤其是自由曲线（如等高线）较多时工作量明显增大。扫描矢量化软件原理是先将图纸通过扫描仪录入图纸的光栅图像，再利用扫描矢量化软件提供的一些便捷的功能，对该光栅图像进行矢量数字化，最后可以转换成为一个以.dwg 为后缀的图形文件。这种方式所得图形的精度因受扫描仪分辨率和屏幕分辨率的影响会比数字化仪录入图形的精度低，但其工作强度较小，方法要简便一些。

　　本章用 3 节的篇幅分别介绍 CASS7.0 的 3 种数字化录入图形数据的方法、步骤，其内容包括：

　　①用数字化仪手扶跟踪录入白纸图的原理及方法。

　　②用 CASS7.0 软件进行白纸图的数字化。

　　③用扫描矢量化法进行白纸图数字化的原理及方法。

11.1　用手扶跟踪法进行老图数字化

　　用数字化仪手扶跟踪法录入白纸图是实现老地图数字化的一种重要模式，它是一种传统而成熟的方法。CASS7.0 软件在数字化仪使用的功能上进行了进一步的完善和提高，它的功能菜单有 700 多项，且均有图标和汉字注记，清晰明了，使得 CASS 软件屏幕菜单的绝大部分功能能够在数字化仪图板菜单中实现。图 11.1 是图板菜单的一部分，使用者可以打开 C:\CASS7.0\SYSTEM\TABMENU.DWG 来看菜单的结构。用数字化仪录入已有图的工作流程如下所示：

　　配置数字化仪—配置 CAD—标定数字化仪菜单—定屏幕显示区—图纸定向—开始数字化录图。

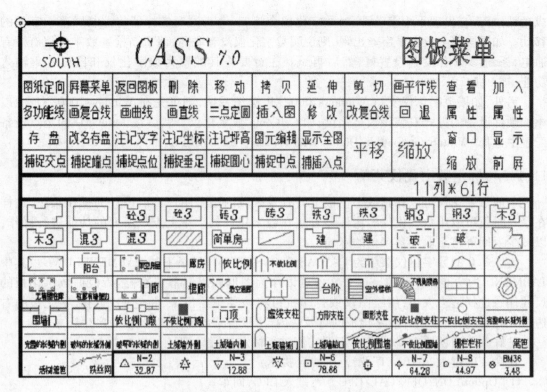

图 11.1　图板菜单 Tabmenu. dwg 的一部分

11.1.1　配置数字化仪

现代数字化仪设备比较简单,硬件一般由两部分组成。

第一部分是感应板,这是数字化仪最重要的部分,它决定着一台数字化仪的精度和幅面。在感应板上,数字化仪一般设有指示灯,用来配置数字化仪的各种性能参数。这些配置主要是根据不同的应用软件而设置相应的参数,不同品牌的数字化仪设置方法各不相同,在具体配置时请参考数字化仪自带的说明书。CASS7.0 应将数字化仪设置成 AutoCAD 适用的模式,具体设置可按 F1 键进入 AutoCAD 帮助来查看。

数字化仪的另一部分为图形操作定标器,常见的有 4 键和 16 键,上有透明十字丝用来瞄准定标,是数字化手工输入的部件。定标器分有线定标器和无线定标器两种。

11.1.2　在 CASS7.0 软件中配置数字化仪

CASS7.0 的操作平台为 AutoCAD2000/2002/2004/2006,常用的输入设备是鼠标,另外还可以使用数字化仪。如果要连接使用数字化仪,则必须对 AutoCAD 的输入设备重新配置。配置的方法是在屏幕菜单的左上角点取"文件"项,然后再选取"AutoCAD 系统配置"功能,进入 AutoCAD 的"配置选择(preference)"窗口。点取窗口内上列菜单的"系统"项,即可弹出数字化仪的配置界面,上面列出了 AutoCAD 支持的所有数字化仪。选定一个用鼠标单击按钮"Set Current"。如果该数字仪还没有配置,则要根据窗口下边的提问进行选择,选定后该窗口将关闭又回到 Preferences 窗口,单击"OK"键,数字化仪的配置即告完成。如果配置成功,屏幕上会出现小十字丝,同时数字化仪会鸣叫一声,这时定标器将控制屏幕十字丝的移动。如果屏幕上没有十字丝出现,则说明数字化仪没有联通,请重新检查数字化仪有没有通电,系统参数有没有设置好,然后再试。注意要将其配置为数字化仪和鼠标双重输入功能。

另外,如果数字化仪支持 Windows2000/XP 操作系统,则可先在 Windows2000/XP 中以添加硬件设备的方式安装该数字化仪,如 CalComp 数字化仪。然后在 AutoCAD 的定点设备配置中选择"Wintab Compatible Digitizer ADI4.2-bY AUTODESK,Inc"。

11.1.3 标定数字化仪菜单

一般数字化仪可以在其数字化板上的有效区域内贴上用户自己设计的操作菜单,这样在录入时就可以用数字化仪的定标器直接在数字化仪的菜单上点取所要的功能进行操作,以减少返回屏幕点取屏幕菜单的麻烦。

CASS7.0 的数字化仪菜单为 C:\CASS7.0\SYSTEM\目录下的 TABMENU.DWG。其中 TABMENU 为功能操作菜单。这个文件可以作为图形调出屏幕观看,然后根据数字化板的尺寸任意选择适当大小,用绘图仪或打印机可将该菜单绘出来,将它们贴到数字化板的右边,贴的时候要注意贴到数字化板的有效区内,尽量将菜单展平摆正,以免产生误差。

贴好菜单后就要在 CASS7.0 上对它们进行标定,过程如下:

在命令区键入"TABLET"指令,命令区提示:

①"Option(ON/OFF/CAL/CFG)":键入 CFG,回车。

说明:ON 为打开数字化仪,OFF 为关闭数字化仪,CAL 为校准数字化仪,CFG 为配置数字化仪菜单。

②"Enter number of tablet menus desired(0-4)<0>":键入 1,回车。

说明:提问要标定几个菜单,因为 CASS 只有一个功能菜单,故输入"1"即可。

③"Digitize upper left corner of menu area1":用数字化仪的定标器点取数字化板菜单上左上角的小圆心。

说明:此步提示定位贴在数字化仪上的图板菜单的左上角。同样,下面两步依次提示定位贴在数字化仪上的图板菜单的左下角和右下角。

④"Digitize lower left corner of menu area1":用数字化仪的定标器点取数字化板菜单上左下角的小圆心。

⑤"Digitize lower right corner of menu area1":用数字化仪的定标器点取数字化板菜单上右下角的小圆心。

⑥"Enter the number of columns for menu area(1-47)<11>":回车默认 11 列。

⑦"Enter the number of rows for menu area(1-64)<61>":回车默认 61 行。

说明:提示输入菜单的列数和行数(尖括号内为软件默认的数字,如果尖括号内不是这个数请分别输入 11 和 61)。因为该菜单有 11 列×61 行,这两个数字写在菜单上半部的一条空行内,使用者如果记不住可以在该菜单上查到。

软件回到"Command:"提示状态,结束数字化仪菜单的标定工作。

标定该菜单的目的是让 CASS 软件能够根据实际菜单的大小来识别该菜单,使数字化仪的定标器需要点取菜单上相应的操作功能时,CASS 软件能够正确地执行。

做完上述操作之后,用数字化仪录图的准备工作已经完成,接下来就可以开始正式的数字化录图工作了。

11.1.4 图纸定向

首先将准备数字化的图纸平贴在数字化板上,贴时要注意将图纸贴在数字化板的有效区内。因为上一步已经标定好数字化仪菜单,现在就可以直接使用了。用数字化仪的定标器在数字化菜单上点取"图纸定向"的功能,然后根据屏幕提示按下列步骤操作:

①用定标器点取图纸左下角,再输入该点的坐标,要注意的是 Y(东)方向应放在前面,两个坐标间用逗号隔开,如"40 000(东),30 000(北)"。

②用定标器点取图纸右上角,再输入该点的坐标。

③当屏幕提问要不要定向第 3 点时,可以直接回车结束图纸定向。上面所说的是两点图纸定向,对于有变形的图纸,应采用多点图纸定向以消除误差。

11.1.5 定屏幕显示区

定屏幕显示区的作用是确保数字化板上的图纸能整幅地在屏幕上显示出来。具体的做法是先用定标器在数字化菜单上点取"窗口缩放"功能,当软件提问"第一角"时,用定标器点取图纸左下角的左下方向附近的一点;当软件提问"第二角"时,用定标器点取图纸右上角的右上方向附近的一点,这样整幅图纸的范围就能在屏幕上完全显示出来了。

11.1.6 开始图纸数字化作业

完成上述工作以后,就可以着手数字化录图了。整个数字化的作业流程可以分为图框定位、绘地物地貌、注记等几个步骤。

1)绘图框

图纸数字化的第一步工作是绘图框。其目的是将贴在数字化仪板上的整幅图的范围在屏幕上确定下来,使接下来的清绘工作都明确地在图框中进行。这样不但能确定整幅图的显示范围,而且还能在绘地物的过程中随时监视所绘地物的尺寸大小,在图幅中的相对位置是否正确,防止误操作。

图框绘制的具体步骤如下。

①用鼠标或数字化仪定标器点取屏幕下拉菜单的"绘图处理"项,再将鼠标移到"图幅整饰"功能。这时在"图幅整饰"条目的右边会自动弹出一个子菜单,上面列有"标准图幅(50 cm×50 cm)""标准图幅(50 cm×40 cm)""任意图幅""小比例尺图幅""倾斜图幅"和"工程图幅"等几种类别。如果是标准的图幅,可以直接点取"标准图幅"项。如果是非标准图幅,则要选择"任意图幅"项,然后根据屏幕的提问键入图纸的宽度和高度。这里假设数字化一幅 50 cm×40 cm 的标准图幅,则用鼠标点击"标准图幅(50 cm×40 cm)"条目,屏幕将出现如图 11.2 的信息窗。

②按信息窗的要求填好相应的文字后,单击"确定"键。

③如果进入 CASS 软件后还未确定比例尺,此时屏幕下方的命令区将提示:

"绘图比例尺 1":这时将图纸实际的比例尺填入。

"图框左下角屏幕坐标":按照图纸左下角的测量坐标先输入 Y 坐标,用逗号隔开后再输入 X 坐标。

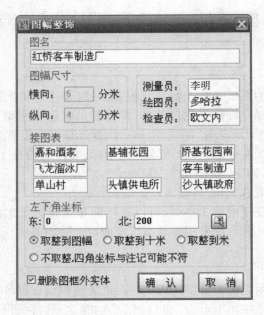

图 11.2　输入图幅信息

④做完上述步骤之后,图框就已调入了屏幕。如果屏幕显示区没有定好,可能在屏幕上看不到图框,这时可用鼠标单击屏幕菜单右下角的"缩放全图"或者用定标器单击数字化仪图板上的"显示全图"功能,则可看到一幅完整的图框。

此时,可以用定标器游走一下图纸的图框线,观察一下屏幕上的图框与十字丝的位置关系是否与定标器的移动相吻合。

2)绘地物地貌

插入图框以后,就可以正式开始描绘地物地貌。CASS7.0 系统可以自动将各种地物地貌归到各个不同的层,在描图时只要用定标器点取各种绘图功能(如房屋、道路、电力线、等高线、陡坎等),系统会自动地切换至相应的层,然后根据图纸上的地物或地貌逐个输入。对于直线形的地物地貌如房屋、电线等,只需用定标器点取它的端点即可;而对于曲线形的地物地貌如陡坎、等高线等,则要用定标器密集地沿着地貌曲线取点采样,采样的密度视曲线的曲缓而定,曲折的采点密一些、舒缓的则可以疏一些,但要注意,不要漏掉那些较为明显的特征点。通过图板菜单上的"屏幕菜单"和"返回图板"功能,可以进行屏幕工作方式和图板工作方式的切换。在屏幕工作方式时,可以应用 CASS7.0 界面上的各种下拉菜单、工具条、屏幕菜单等功能;在图板工作方式时,光标只能在工作区中滑动,要使用贴在数字化仪上的图板菜单来进行操作。

用数字化仪描图主要是要把握好两个原则,一个是描绘采点时要精确,另一个是不要漏地物地貌。

要做到第一点,除了细心之外,还要熟练、准确地运用各种绘图和编辑功能,如复制、镜像、旋转、移动等,这样既保证了所绘地物地貌的精确性,还能起到事半功倍的效果。

第二点,应先订好作业计划。最常用的是以地物地貌类别为顺序,即先画完图纸上的某一种地物地貌,再画第二种地物地貌,如此一种一种地将所有的地物地貌描完。其特点是可以用一种绘图功能连续作业,但身体移动的范围比较大。另一种方法是按自然区域划分作业,如根据不同的街区,或河流、坎类的两边,先画完一个区域内的所有地物地貌,再转移到另一个区域。用这种方法作业时身体移动的范围较小,但需要经常切换绘图功能。这两种方案在实际作业时可以交替使用,具体视图纸的实际情况而定。另外,由于地物符号太多,每个符号都到图板菜单去找的话会增加很多工作量。这时,就可以充分利用"图形复制(F)"功能,将图上已绘出的实体当菜单用,可省去不少麻烦。当然,以上所述的只是一些粗略的方法,使用者自己可以在工作中不断地摸索、总结经验,找出自己习惯、快速、理想的方法。

3)注记

绘完地物地貌以后的工作就是注记。注记分为注记坐标和注记文字。注记与绘地物地貌的性质不同,绘地物地貌时对精度有严格的要求,而注记则没有精度方面的要求,只须位置大致准确即可。具体的做法为,用定标器在数字化菜单上点取"注记文字"功能项进行注记。

绘地物地貌时必须在图板状态下操作,而注记则既可以在图板状态下操作也可以在屏幕状态下进行。如果地物比较简单,可以直接在屏幕状态下注记较为方便;如果地物较为复杂密集,则应该在图板状态下操作,这样能在图板图纸上直接找到要注记的地物,才不会发生注错对象的情况。

在注记过程中由输入数字(或西文字母)转到输入汉字要同时按下"Ctrl"和"Space"键,经常这样做非常麻烦。所以,一般应先注记数字字母再注记汉字,这样就避免了经常切换的麻烦。

最后有一点需要提醒的是,在数字化白纸图的过程中,为了防止意外,应该每隔 20 ~30 min 存一下盘。这样即使在中途因误操作或其他原因死机,最多也就损失几十分钟的工作量,不致前功尽弃。

11.2 用 CASS7.0 进行扫描矢量化地形地籍成图软件

CASS7.0 在 CASS4.0 的基础上新增了图形数字化功能。利用 CASS7.0 光栅图像工具可以直接对光栅图进行图形的纠正,并利用屏幕菜单进行图形数字化。操作步骤如下:

首先,根据图形大小在"绘图输出"菜单下插入一个图幅。

其次,通过"工具"菜单下的"光栅图像"→"插入图像"项插入一幅扫描好的栅格图,如图 11.3 所示;这时会弹出图像管理对话框,如图 11.4 所示;选择"附着(A)…"按钮,弹出选择图像文件对话框,如图 11.5 所示;选择要矢量化的光栅图,点击"打开(O)"按钮,进入图形管理对话框,如图 11.6 所示;选择好图形后,点击"确定"即可。命令行将提示:

"SpecifY insertion point<0,0>":

输入图像的插入点坐标或直接在屏幕上点取,系统默认为(0,0)。

"Base image size:Width:1.000000,Height:0.828415,Millimeters":

命令行显示图像的大小,直接回车。

"SpecifY scale factor<1>":

图形缩放比例,直接回车。

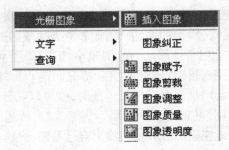

图 11.3 插入一幅栅格图

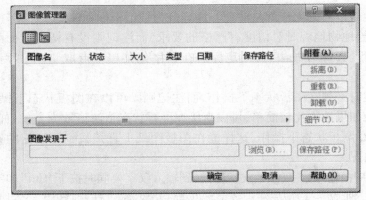

图 11.4 图形管理对话

图 11.5 选择图形文件

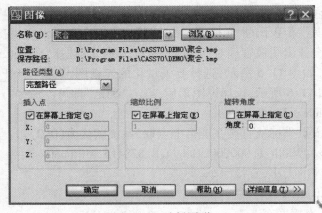

图 11.6 选择图形

插入图形之后,用"工具"下拉菜单的"光栅图像"→"图形纠正"对图像进行纠正。命令区提示:"选择要纠正的图像"时,选择扫描图像的最外框,这时会弹出图形纠正对话框,如图 11.7 所示。选择五点纠正方法"线性变换",点击"图面:"一栏中"拾取"按钮,回到光栅图,局部放大后选择角点或已知点,此时自动返回纠正对话框。在"实际:"一栏中点击"拾取",再次返回光栅图,选取控制点图上实际位置。返回图像纠正对话框后,点击"添加",添加此坐标。完成一个控制点的输入后,依次拾取输入各点,最后进行纠正。此方法最少输入 5 个控制点,如图 11.8 所示。纠正之前可以查看误差大小,如图 11.9 所示。

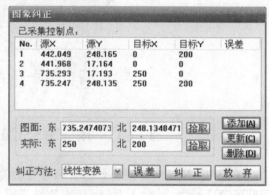

图 11.7　图形纠正　　　　　　　　　　　　　　图 11.8　五点纠正

图 11.9　误差消息框

五点纠正完毕后,进行四点纠正"affine"。同样依此局部放大后选择各角点或已知点,添加各点实际坐标值,最后进行纠正。此方法最少有 4 个控制点。

经过两次纠正后,栅格图像应该能达到数字化所需的精度。值得注意的是,纠正过程中将会对栅格图像进行重写,覆盖原图,自动保存为纠正后的图形。所以,在纠正之前需备份原图。在"工具"→"光栅图像"中,还可以对图像进行图像赋予、图形剪切、图像调整、图像质量、图像透明度、图像框架的操作。用户可以根据具体要求,对图像进行调整。

图像纠正完毕后,利用右侧的屏幕菜单,可以进行图形的矢量化工作。如图 11.10 所示矢量化等高线。右侧的屏幕菜单是测绘专用交互绘图菜单。进入该菜单的交互编辑功能时,使用者必须先选定定点方式,定点方式包括"坐标定位""测点点号""电子平板""数字化仪"等方式。其中,包括大量的图式符号,用户可以根据需要利用图式符号进行矢量化工作。

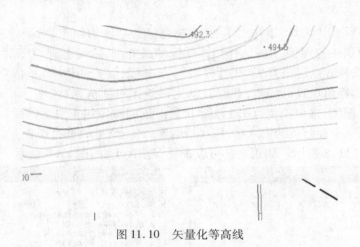

图 11.10　矢量化等高线

11.3　用 CASSCAN 进行扫描矢量化

　　CASSCAN 是南方测绘仪器公司开发的专业扫描矢量化软件。此软件基于 AutoCAD 的 2000/2002 平台,结合了 CASS 成图软件方便灵活对地形地物处理的特点,对拥有 CASS 软件的用户而言,因为已经熟悉了 AutoCAD 和 CASSCAN 的操作,故极易上手,如,软件中"设置图形比例尺"菜单项(见图 11.11)一目了然。而随着扫描仪的迅速发展,整套配备的价格较低,CASSCAN 是测绘单位非常实用的白纸图数字化软件。

图 11.11　"设置图形比例尺"菜单项

11.3.1　定比例尺

　　双击 CASSCAN7.0 图标,进入 CASSCAN7.0,如图 11.12 所示。用鼠标选取"地物绘制(R)/设置图形比例尺"菜单项,在命令行上输入"500"并回车。此时,比例尺就相应地设为了 1∶500,如图 11.12 所示。

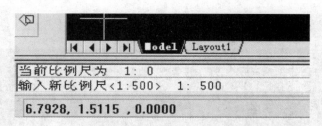

图 11.12　输入比例尺

11.3.2　插入矢量图框

　　用鼠标选取"地物绘制（R）/标准图幅（50 cm×40 cm）"菜单项，如图 11.13 所示。在弹出的"图幅整饰"对话框中输入相应的图框信息和图框左下角坐标，如图 11.14 所示，单击"确认"按钮，如图 11.14 所示。此时，在工作窗口中将会出现一个有完整信息的矢量图窗口，如图 11.15 所示。

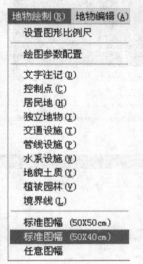

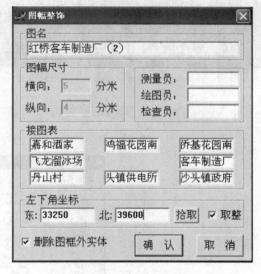

图 11.13　标准图幅（50 cm×40 cm）图框　　　　　图 11.14　图幅整饰

11.3.3　插入光栅图

　　用鼠标点选"图像处理（I）/插入（I）…"菜单项，如图 11.16 所示。在弹出的"插入图像"对话框中选择要插入的"all.bmp"光栅图文件，如图 11.17 所示。

　　单击"插入"按钮后弹出"图像插入参数设置"对话框，如图 11.18 所示。点取" "按钮后，用鼠标在先前插入的矢量图框周围选取插入点，如图 11.19 所示。

　　此时，单击鼠标右键跳过插入图旋转角的设定，拖动鼠标将插入的光栅图调整到与矢量图框基本相同的大小。单击鼠标左键回到"图像插入参数设置"对话框，点击"确定"按钮。此时，光栅图就插入工作区中了，如图 11.20 所示。

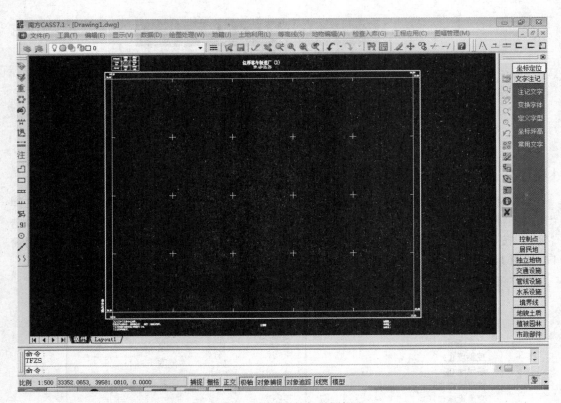

图 11.15 插入的矢量图框

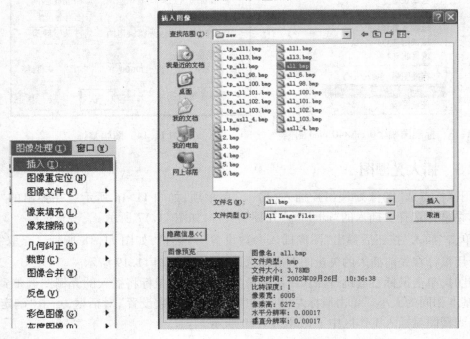

图 11.16 插入菜单项   图 11.17 插入图像选择对话框

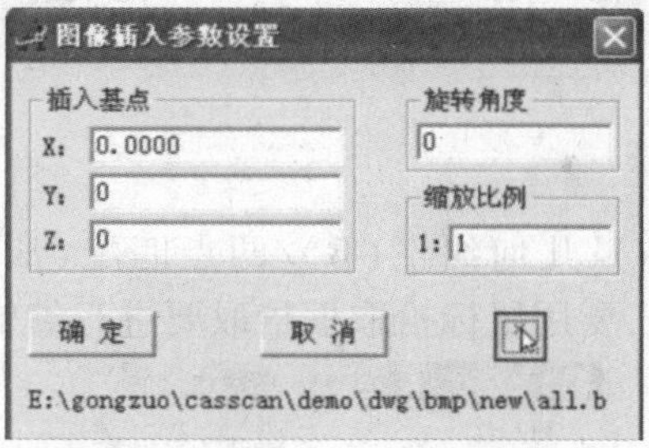

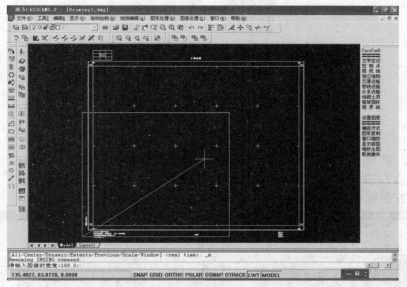

图 11.18　图像插入参数设置

图 11.19　插入点选择

图 11.20　插入的光栅图

11.3.4 光栅图纠正

1)两点匹配

用鼠标点选"图像处理(I)/几何纠正(R)/两点匹配(H)"菜单项,如图 11.21 所示。(在工作区中有多幅光栅图时,要用鼠标拾取框拾取要进行编辑的光栅图)

图 11.21　两点匹配

在命令行的提示("请指定源点 #1:")下用鼠标定位第一点的匹配源点(光栅图上的内图框左下角点),如图 11.22 所示。此时,命令行提示变为"请指定目标点 #1:"用鼠标指定第一点的匹配目标点(矢量图框上的内图框左下角点),如图 11.23 所示。

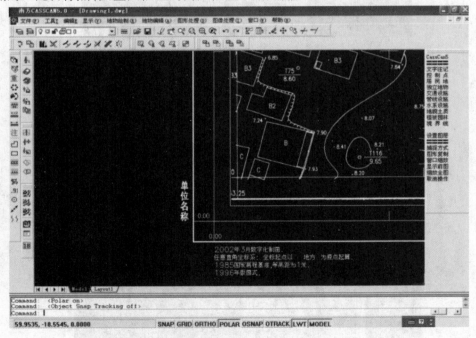

图 11.22　指定源点

接着,按照第一点的做法定位第二点的匹配的源点(光栅图图框上的内图框右上角点)和目标点(矢量图框上的内图框右上角点)。此时,光栅图将会自动匹配到指定的位置上,如图 11.24 所示。

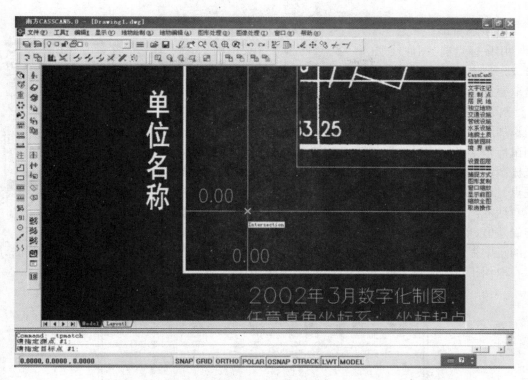

图 11.23　指定目标点

图 11.24　两点匹配后的光栅图

2）多点纠正

用鼠标点选"图像处理（I）/多点纠正（A）"菜单项，如图 11.25 所示。（在工作区中有多幅光栅图时，要用鼠标拾取框拾取要进行编辑的光栅图）

弹出"多点纠正"对话框，在对话框中点选"（A）添加"按钮添加图像纠正控制点。此时对话框隐藏，回到工作窗口，用鼠标十字光标依次选取纠正点的源点和目标点（源点：为光栅图上的内图框点，目标点：为相应的矢量图框上的内图框点）。当 4 个纠正点拾取完成后，单击回车键回到多点纠正对话框。此时，在多点纠正对话框中出现 4 个点的坐标量与误差值，单击"确定"按钮，光栅图的纠正将自动完成（在多点纠正中提供了 6 种纠正的算法，此处我们使用的是第 3 种"（L）线性（4 点）"纠正算法，所以在取纠正点时应等于或多于 4 个点）（图 11.26）。

图 11.25　多点纠正菜单项

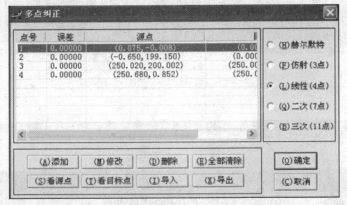

图 11.26　多点纠正对话框

11.3.5　保存光栅图

用鼠标点选"图像处理（I）/保存（S）"菜单项，如图 11.27 所示。当光栅图像没有明确的存储路径时，弹出"图像保存对话框"，如图 11.28 所示。在选择好光栅图的存放路径后，单击"保存"按钮保存文件。

文件保存将自动完成。

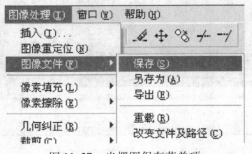

图 11.27　光栅图保存菜单项

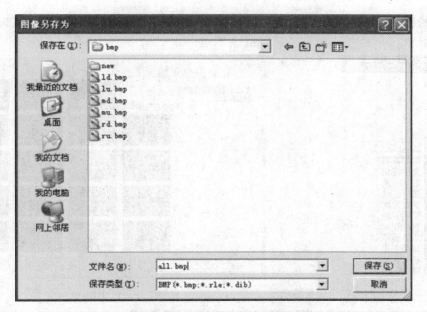

图 11.28　图像另存为对话框

11.3.6　进行点状地物的矢量化

1) 高程点的矢量化

用鼠标点选"绘制参数设置"菜单项,如图 11.29 所示。

弹出"绘制参数设置"对话框,在"高程注记位数"中选择"2 位"。将高程注记中小数点后需要注记的位数设定为两位,单击"确定"按钮回到工作视图,如图 11.30 所示。

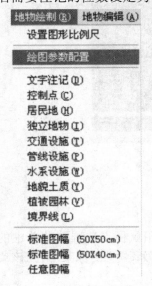

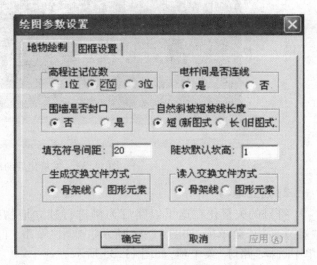

图 11.29　绘制参数设置菜单项　　　　　　图 11.30　绘图参数设置对话框

用鼠标点选屏幕菜单中的"地貌土质"菜单项,弹出"地貌和土质"的图像菜单,如图 11.31 所示。选择"一般高程点",单击"OK"按钮,在光栅图上用鼠标点选高程点的中心,在命令行的提示下输入高程值,此时在工作区中出现红色的矢量高程点,如图 11.32、图 11.33 所示。

图 11.31　屏幕菜单上的地貌土质菜单项

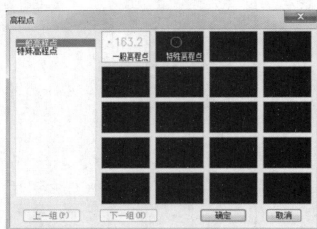

图 11.32　图像菜单

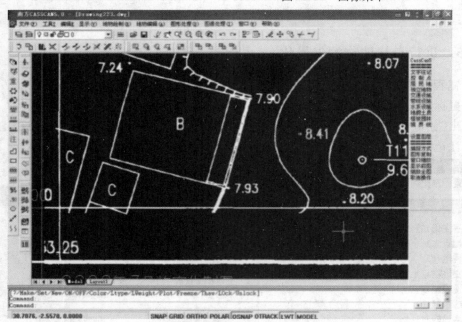

图 11.33　矢量化后的高程点

2)独立地物

符号的矢量化在这里以路灯为例进行独立地物的矢量化。用鼠标点选屏幕菜单中的"独立地物"菜单项,如图 11.34 所示。弹出"军事、工矿、公共、宗教设施"图像菜单,在该菜单中选择"路灯"菜单项,如图 11.35 所示。

在光栅图中拾取独立地物的插入点(注意:不同地物的插入点的位置是不相同的,有的插入点在独立地物的几何中心,有的插入点在底部,插入点的选择可根据具体的地物而定)。这样,一个路灯的符号就被矢量化了。

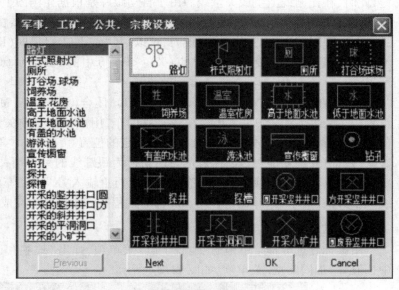

图 11.34　独立地物菜单　　　　　　　　　　　图 11.35　路灯菜单项

11.3.7　进行线状地物的矢量化

1)等高线的矢量化

用鼠标点选屏幕菜单中的"地貌土质"菜单项,弹出"地貌和土质"图像菜单,在该菜单中选取"等高线首曲线"菜单项,如图 11.36 所示。

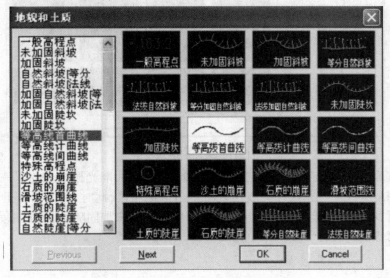

图 11.36　等高线首曲线菜单项

在命令行提示下输入等高线的高程值,用鼠标点取光栅图上等高线的中心,移动鼠标并对准光栅线上的下一点,此时屏幕上出现预跟踪的导线。在预跟踪导线出现时单击鼠标左键,此时,在光栅线上生成矢量线。由于自动跟踪是根据光栅图上光栅像素的连接关系来完成的,所以在工作时由于光栅的连接关系不理想使得跟踪工作要由人工来干预和控制。

在出现跟踪生成的矢量线有误时,可以用("锚点(P)|反向(R)|闭合(Q)|手工(M)|撤销(U)|回退到(G)|设置(T)|结束(X):<P>")中的"回退到(G)"功能实现任意位置的回退。

操作:在命令行提示("锚点(P)|反向(R)|闭合(Q)|手工(M)|撤销(U)|回退到(G)|设置(T)|结束(X):<P>")下输入"G"并回车,用鼠标在当前矢量线上点取希望回退到的位置,这样跟踪等成的矢量线就会回退到指定的位置。

"反向(R)"功能可以将跟踪的方向切换为跟踪线的另一端,"手工(M)"功能可以将跟踪过程由自动状态切换为手动状态。在命令行上输入"X"并回车结束后,一条"等高线首曲线"就跟踪完成了,跟踪的过程与加属性的过程在一个操作中完成。

2)陡坎的矢量化

用鼠标点选屏幕菜单中的"地貌土质"菜单项,弹出"地貌和土质"图像菜单,在该菜单中选取"未加固陡坎"菜单项,如图11.37所示。

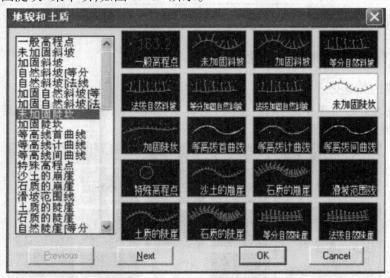

图11.37　未加固陡坎菜单项

用鼠标点取光栅图上陡坎上的主线中心,移动鼠标并对准光栅线上的下一点,此时屏幕上出现预跟踪的导线。在预跟踪导线出现时单击鼠标左键,此时,在光栅线上生成矢量线。当跟踪完成时,在命令行上输入"X"并回车结束后,一条"未加固陡坎"就跟踪完成了。跟踪的过程与加属性的过程在一步操作中完成。

11.3.8　进行面状地物的矢量化

1)有地类界的植被符号矢量化

以有地类界的稻田为例进行矢量化。用鼠标点选屏幕菜单中的"植被园林"菜单项,如图 11.38 所示。弹出"植被类"图像菜单,如图 11.39 在该菜单中选取"稻田"菜单项,用鼠标依次点取光栅图上一块稻田的地类界的转折点(说明:当进行线跟踪时,跟踪的基础是光栅图上光栅点的连接关系;当光栅点间的间隔大于一定范围后,即认为光栅点间没有连接关系,跟踪会在这样的光栅点上停顿)。当地类界转折点被一一点取后,在命令行的提示下进行如下操作:

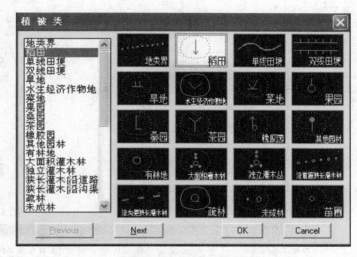

图 11.38　植被园林菜单项　　　　　　　　　　图 11.39　稻田菜单项

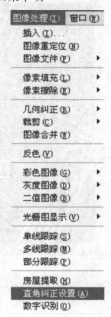

("锚点(P)|反向(R)|闭合(Q)|手工(M)|撤销(U)|回退到(G)|设置(T)|结束(X):<P>")输入"Q"并回车闭合该地类界。此时,在光栅图的地类界上生成了矢量线,并在命令行有如下提示("请选择:(1)保留边界(2)不保留边界<1>")。此时,回车默认"<1>保留边界",稻田的地类界及稻田的填充符号就自动生成了。

2)房屋提取

用鼠标选取"绘图处理(I)/直角纠正设置(A)"菜单项,如图 11.40 所示。

弹出"房屋提取参数设置"对话框,如图 11.41 所示。在"直角纠正"单选框中选择"不进行直角纠正",单击"确定"按钮回到工作窗口。此时,进行房屋提取就不用进行直角纠正的设置。

用鼠标选取"绘图处理(I)/房屋提取(H)"菜单项,如图 11.42 所示。此时,命令行提示"请输入房内一点:"。用鼠标在光栅图中点取房屋内部空白的地方(所

图 11.40　直角纠正设置菜单项

选点为房屋内部没有像素的位置,如图 11.43 所示。此时,在房屋的边缘出现矢量线。(注意:房屋提取的操作结果与光栅图上构成房屋的像素有关,在房屋中间出现大块的像素时就会影响到房屋轮廓的提取,如房屋中层数与结构的标注都会影响到房屋提取的结果)

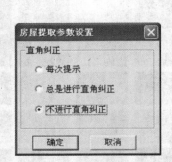

图 11.41　房屋提取参数设置对话框　　　　　　　图 11.42　房屋提取菜单项

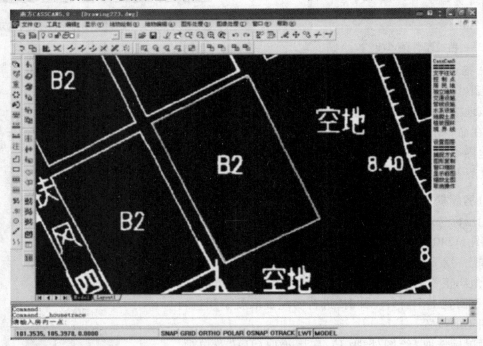

图 11.43　房屋提取示意图

11.3.9　保存工作成果

当一个工程开始后,我们应该将工程中生成的数据成果及时地保存起来。成果的保存分为两个部分。

1）光栅图的保存（见图 11.44）

用鼠标点取"图像处理（I ）/图像文件（F ）/保存（S ）"菜单,光栅图文件的保存分为两种情况。

①当光栅图文件没有确定的保存路径时,如图 11.45 所示。

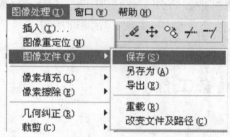
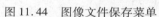

图 11.44　图像文件保存菜单

图 11.45　询问对话框

②当光栅图文件有确定的保存路径时,保存将自动进行。

2）矢量图的保存

矢量图的保存与 CAD 的保存操作相同。

CASSCAN 屏幕菜单对不同地物进行了分类归层,分类方法和 CASS 软件的相同,可以直接选用进行"描图"。在录入图形的同时,完成了 CASS 属性代码的录入,也就是在矢量化的同时完成数据的采集。所生成的图形就是 AutoCAD 的 DWG 格式,可直接在 CASS7.0 中调用,可通过交换文件进行图形和数据的转换。可以在此软件中直接通过打印机或绘图仪绘图输出。

第12章 电子平板成图

随着计算机技术的发展,便携机的体积、质量、功耗越来越小,这样便携机不易携带、电源不足等问题在某种程度上得到解决,把便携机带到野外工作成为可能。因此,CASS系统在原有的作业模式的基础上,增加了电子平板的作业模式,实现了所测即所得。

12.1 准备工作

12.1.1 测区准备

1)控制测量原则

当在一个测区内进行等级控制测量时,应该根据地形的实际情况和规范在甲方允许范围内布设控制点。当视线比较开阔时,可以考虑点位的边长适当放长些。当地物复杂时,控制点的点位就要密些。

2)碎部测量原则

在进行碎部测量时,要求绘图员清楚地物点之间的连线关系。所以,对于复杂地形,要求测站到碎部点之间的距离较短,要勤于搬站,否则会令绘图员绘图困难。对于房屋密集的地方,可以用皮尺丈量法丈量,用交互编辑方法成图。野外作业时,测站的绘图员与碎部点的跑尺员相互之间的通信是非常重要的,因此对讲机是必不可少的。

3)使用系统在野外作业所需的器材
①安装好CASS软件的便携计算机一台。
②全站仪一套(主机、三角架、棱镜和对中杆若干)。
③数据传输电缆一条。
④对讲机若干。

4)人员安排
根据电子平板作业的特点,一个作业小组的人员通常可以这样配备。
测站观测员、计算机操作员各一名,跑尺员1~2名。根据实际情况,为了加快采集速度,跑尺员可以适当增加;遇到人员不足的情况,测站上只可留一个人,同时进行观测和计算机操作。

12.1.2 出发前准备

完成测区的各种等级控制测量并得到测区的控制点成果后,便可以向系统录入测区的控制点坐标数据,以便野外进行测图时调用。

录入测区的控制点坐标数据可以按以下步骤操作。

移动鼠标至屏幕下拉菜单"编辑\编辑文本文件"项,在弹出选择文件对话框中输入控制点坐标数据文件名。如果不存在该文件名,系统便弹出如图 12.1 所示的对话框,否则系统出现如图 12.2 的窗口。

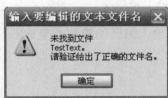

图 12.1　创建新文件名的对话框

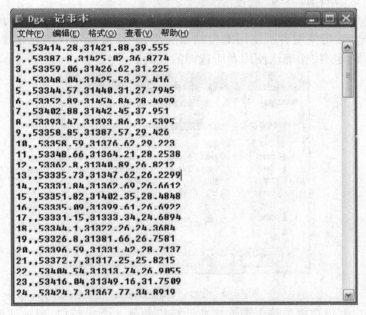

图 12.2　记事本的文本编辑器

这时,系统便出现记事本的文本编辑器,按以下格式输入控制点的坐标,如图 12.2 所示。

格式如下:

1 点点名,1 点编码,1 点 Y(东)坐标,1 点 X(北)坐标,1 点高程

…

N 点点名,N 点编码,N 点 Y(东)坐标,N 点 X(北)坐标,N 点高程

有关说明如下。

①编码可输可不输;即使编码为空,其后的逗号也不能省略。

②每个点的 Y 坐标、X 坐标、高程的单位是米。

③文件中间不能有空行。

12.2 电子平板测图

12.2.1 测前准备

完成测区的控制测量工作和输入测区的控制点坐标等准备工作后,便可以进行野外测图了。

1)安置仪器

①在点上架好仪器,并把便携机与全站仪用相应的电缆连接好,开机后进入 CASS7.0。

②设置全站仪的通信参数。

③在主菜单选取"文件"中的"CASS 参数配置"屏幕菜单项后,选择"电子平板"页,出现如图 12.3 对话框,选定使用者所使用的全站仪类型,并检查全站仪的通信参数与软件中设置是否一致,按"确定"按钮确认使用者所选择的仪器。

图 12.3 电子平板参数配置

说明:通信口是指数据传输电缆连接在计算机的哪一个串行口,要按实际情况输入,否则数据不能从全站仪直接传到计算机上。

2)定显示区

定显示区的作用是根据坐标数据文件的数据大小定义屏幕显示区的大小。首先移动鼠标至"绘图处理/定显示区"项,单击左键,即出现一个对话框如图 12.4 所示。

这时,输入控制点的坐标数据文件名,则命令行显示屏幕的最大最小坐标。

测站准备工作如下。

①鼠标单击屏幕右侧菜单之"电子平板"项,如图 12.5 所示。

弹出如图 12.6 所示的对话框。

提示输入测区的控制点坐标数据文件。选择测区的控制点坐标数据文件,如 C:CASS7.0\DEMO\studY. DAT。

②若事前已经在屏幕上展出了控制点,则直接点"拾取"按钮再在屏幕上捕捉,将其作为

测站、定向点的控制点;若屏幕上没有展出控制点,则手工输入测站点点号及坐标、定向点点号及坐标、定向起始值、检查点点号及坐标、仪器高等参数,利用展点和拾取的方法输入测站信息如图 12.7 所示。

图 12.4　输入坐标数据文件名

图 12.5　坐标定位菜单

图 12.6　测站设置对话框

图 12.7　测站定向

说明:检查点是用来检查该测站相互关系,系统根据测站点和检查点的坐标反算出测站点与检查点的方向值(该方向值等于由测站点瞄向检查点的水平角读数)。这样,便可以检查出坐标数据是否输错、测站点是否给错或定向点是否给错,单击"检查"按钮弹出如图 12.8 所示检查信息。

图 12.8　测站点检查的对话框

说明:仪器高指现场观测时架在三角架上的全站仪中点至地面图根点的距离,以米为单位。

12.2.2　实际测图操作

当测站的准备工作都完成后,如用相应的电缆连好全站仪与计算机,输入测站点点号、定向点点号、定向起始值、检查点点号、仪器高等,便可以进行碎部点的采集、测图工作了。在测图的过程中,主要是利用系统屏幕的右侧菜单功能,如要测一幢房子、一条电线杆等,需要用鼠标选取相应图层的图标;也可以同时利用系统的编辑功能,如文字注记、移动、拷贝、删除等操作;还可以同时利用系统的辅助绘图工具,如画复合线、画圆、操作回退、查询等操作。如果图面上已经存在某实体,就可以用"图形复制(F)"功能绘制相同的实体,这样就避免了在屏幕菜单中查找的麻烦。CASS 系统中所有地形符号都是根据最新国家标准地形图图式、规范编的,并按照一定的方法分成各种图层,如控制点层,所有表示控制点的符号都放在此图层(三角点、导线点、GPS 点等);又如居民地层,所有表示房屋的符号都放在此图层(包括房屋、楼梯、围墙、栅栏、篱笆等符号)。下面,介绍各类地物的测制方法。

1)点状地物测量方法

例如,测一钻孔的操作方法如下。

①用鼠标在屏幕右侧菜单处选取"独立地物"项,系统便弹出如图 12.9 所示的对话框。

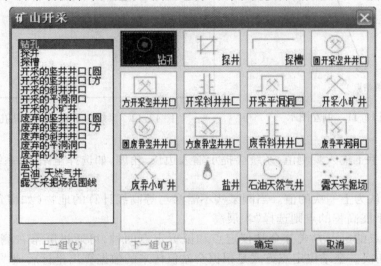

图 12.9　选择"独立地物"项的"矿山开采"对话框

②在对话框中按鼠标左键选择表示钻孔的图标,图标变亮则表示该图标被选中,鼠标再单击"确定",弹出如图 12.10所示数据输入对话框。

此处仪器类型选择为手工,则在此界面中可以手工输入观测值(若仪器类型为全站仪,则系统自动驱动全站仪观测并返回观测值)。输入水平角、垂直角、斜距、棱镜高等值,确定后选择下一个地物,以此类推。

不偏:对所测的数据不作任何修改。

偏前:指棱镜与地物点、测站点在同一直线上,即角度相同,偏距为实际地物点到棱镜的距离。

偏左:实际地物点在垂直于测站与棱镜连线左边,偏距为实际地物点到棱镜的距离。偏左示意图如图 12.11 所示。

偏右:实际地物点在垂直于测站与棱镜连线右边,偏距为实际地物点到棱镜的距离。

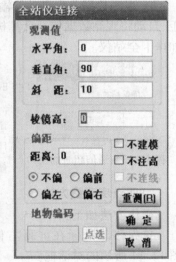

图 12.10　电子平板数据输入

系统接收到观测数据便在屏幕自动将钻孔的符号展出如图 12.12 所示,并且将被测点的 X、Y、H 坐标写到先前输入的测区的控制点坐标数据文件中,如 C:\CASS70\DEMO\020205.DAT,点号顺序增加。如图 12.12 为通过 1 号点偏前(2),偏左(3),偏右(4)测出的其他钻孔符号。

图 12.11　偏左图示

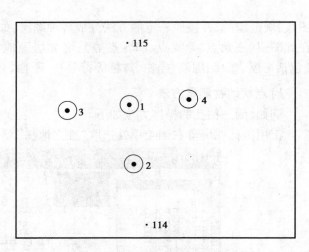

图 12.12　系统在屏幕展出的钻孔符号

注意：

A. 如选择手工输入观测值,系统会提示输入边长、角度,如选择全站仪,系统会自动驱动全站仪测量。

B. 标高默认为上一次的值。当测某些不需参与等高线计算的地物(如房角点)时,则选择"不建模",不展高程的点则选择"不展高"。

C. 测碎部点的定点方式分全站仪定点和鼠标定点两种,可通过屏幕右侧菜单的"方式转换"项进行切换。全站仪定点方式是根据全站仪传来的数据算出坐标后成图;鼠标定点方式是利用鼠标在图形编辑区直接绘图。

D. 观测数据分为自动传输和手动传输两种情况。自动传输是由程序驱动全站仪自动测距、自动将观测数据传至计算机,如宾得全站仪;手动传输则是全站仪测距、人工干预传输,如徕卡全站仪。

图 12.13　通信超时的窗口

E. 当系统驱动全站仪测距后 20 ~ 40 s 时间还没完成测距时,将自动中断操作,并弹出如图 12.13 所示的窗口。

F. 如果某地物还没测完就中断了,转而去测另一个地物,可利用"加地物名"功能添加地物名备查,待继续测该地物时利用"测单个点"功能的"输入要连接本点地物名"项继续连接测量,请参阅后面的多棱镜测量方法。

2) 四点房测量方法

操作方法如下：

首先移动鼠标在屏幕右侧菜单中选取"居民地"项的"一般房屋",系统便弹出如图 12.14 所示的对话框。

移动鼠标到表示"四点房屋"的图标处按鼠标左键,被选中的图标和汉字都呈高亮度显示。然后按"确定"按钮,弹出全站仪连接窗口如图 12.15 所示。

系统驱动全站仪测量并返回观测数据(手工则直接输入观测值),方法同前。当系统接收到数据后,便自动在图形编辑区将表示简单房屋的符号展绘出来,如图 12.16 所示。

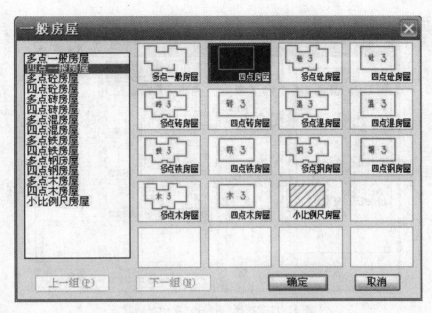

图 12.14 选择"居民地"项的对话框

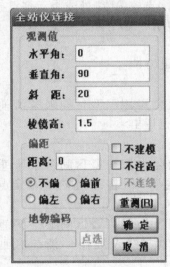

图 12.15 测量四点房屋

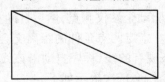

图 12.16 展绘出简单房屋的符号

3) 多点房测制方法

操作方法如下。

首先移动鼠标在屏幕右侧菜单中选取"居民地"项的"一般房屋",系统便弹出如

图 12.17 所示的对话框。

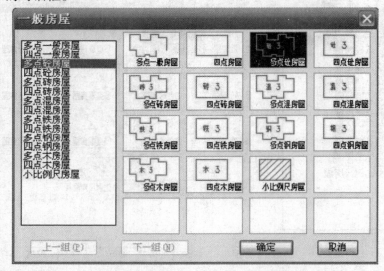

图 12.17　选择"居民地"项的对话框

移动鼠标到对话框左边的"多点砼房屋"处或表示多点砼房屋的图标处按鼠标左键,被选中的图标和汉字都呈高亮度显示。然后单击"确定"按钮,弹出如图 12.15 所示的对话框。

将仪器瞄向第一个房角点。

命令区显示:<跟踪 T/区间跟踪 N>。

将仪器瞄向第二个房角点。

命令区显示:曲线 Q/边长交会 B/跟踪 T/区间跟踪 N/垂直距离 Z/平行线 X/两边距离 L/<鼠标定点,回车键连接,ESC 键退出>。

将仪器瞄向第三个房角点。

命令区显示:曲线 Q/边长交会 B/跟踪 T/区间跟踪 N/垂直距离 Z/平行线 X/两边距离 L/隔一点 J/微导线 A/延伸 E/插点 I/回退 U/换向 H<指定点>。

将仪器瞄向第四个房角点。

命令区显示:曲线 Q/边长交会 B/跟踪 T/区间跟踪 N/垂直距离 Z/平行线 X/两边距离 L/闭合 C/隔一闭合 G/隔一点 J/微导线 A/延伸 E/插点 I/回退 U/换向 H<鼠标定点,回车键连接,ESC 键退出>。

操作说明。

①输入"Q"为绘曲线。系统驱动全站仪测点,然后自动在两点间画一条曲线。

②输入"B"为边长交会定点。指定两点延伸的距离交会定点。

③输入"T"为跟踪,选择一条现有的线,程序自动沿该线绘线。

④输入"N"为区间跟踪,命令行会依次提示如下。

选择跟踪线起点:选择要跟踪的线的起点。居中点:如果跟踪存在两个或两个以上的路径,则要选择居中点。结束点:选择跟踪结束点。

⑤输入"Z"为垂直距离,命令行会依次提示如下。

垂直与其他线方向[请选择线]:选择参照线。

相对于被选线的方向:指定垂直的方向。

距离:输入垂距。

⑥输入"X"为平行线,命令行会依次提示如下。

平行与其他线方向[请选择线]:选择参照线。

相对于被选线的方向:指定平行的方向。

距离:输入要沿平行方向延伸的距离。

⑦输入"L"为两边距离,命令行会依次提示如下。

求和两边相距一定距离的点[请选择第 1 条线]:选择第 1 条线。

哪一侧:点击要计算的一侧。

距离:输入平行的距离。

求和两边相距一定距离的点[请选择第 2 条线]:选择第 2 条线。

哪一侧:点击要计算的一侧。

距离:输入平行的距离。

⑧输入"C"复合线将封闭,结束。

⑨输入"G"为隔点闭合。系统计算出一个点,并自动从最后点经过计算点闭合到第 1 点,最后点(4)、计算点(5)、第 1 点(1)这三点应连成直角。

⑩输入"J"为隔一点垂直。系统驱动全站仪新测一点,并计算出一个点使最后点、新测点、计算点三点连成直角并连线。

⑪输入"A"为微导线。输入推算下一点的微导线边的左角或指定平行或垂直方向,根据输入的边长计算出该点并连线。

命令区提示:微导线 -键盘输入角度(K)/<指定方向点(只确定平行和垂直方向)>。

操作:键入"K"系统提示输入角度、边长定点。

默认为鼠标指定平行或垂直方向,然后输入边长定点。(程序识别模糊方向,判断平行或垂直)

⑫输入"E"为延伸,在当前线条方向上延伸合适的距离。

⑬输入"I"为插点,在已连接的线段间插入新点。

⑭输入"U"为删除最新测的一条边。

⑮输入"H"为删除最新测的一条边。

⑯默认为鼠标指定点,回车弹出连接窗口,按 ESC 键退出。

最后回车结束测量,成果如图 12.18 所示。

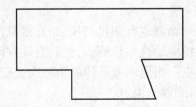

图 12.18 展绘出的多点砼房屋符号

4)其他线状地物测制方法

测制方法基本同多点房测制方法,绘制完毕系统会提问"拟合线<N>?",如果是直线回答"否",直接回车;如果是曲线回答"是",输入"Y"即可。

12.2.3　多镜测量

如果某地物还没测完就中断了,转而去测另一个地物,之后可根据多测尺方法继续测量该地物。

中断地物测量时,利用"多镜测量"功能设置测尺,待要继续测量该地物时,再利用"多镜测量"中测尺转换功能,在多个测尺之间切换。利用"多镜测量"时直接驱动全站仪测点,自动连接已加入测尺名的未完成地物符号。

一般如果地物比较复杂或使用多名跑尺员时,都要用多镜测量。以下介绍多镜测量的方法步骤。

点击屏幕菜单的"多镜测量"项,命令区提示:

"选择要连接的复合线:<回车输入测尺名 >"选择已有地物则不需设尺。

回车则弹出设置测尺对话框,如图 12.19 所示。

图 12.19　设置测尺

选择"新地物"项,在"输入测尺名"下方的文本框输入测尺名,测尺名可以是数字、字母和汉字,如输入"1"后确定,则命令行提示:

切换 S/测尺 R<1>/曲线 Q/边长交会 B/跟踪 T/区间跟踪 N/垂直距离 Z/平行线 X/两边距离 L/闭合 C/隔一闭合 G/隔一点 J/微导线 A/延伸 E/插点 I/回退 U/换向 H<鼠标定点,回车键连接,ESC 键退出>

命令行中"测尺 R<1>"表示当前进行的是 1 号尺,输入"R"则回到设置测尺对话框换尺或添加尺。

切换:不止一个测尺进行测量时,在几个测尺之间变换,在观测时在命令行输入"R"后回到设置测尺对话框,在已有测尺栏中选择一个测尺点"确定"后则将该地物置为当前。

新地物:开始测量一个地物前就设置测尺名。

赋尺名:若测量一个地物前没有进行设尺,测量过程中又要中断,此时可以赋予其测尺名。

命令行各个选项功能:

①输入"S"可以在不同的地物之间切换,指不用测尺功能,直接凭记忆来选择要连接的地物。

②输入"R"回到设置测尺对话框进行测尺切换、新建或赋尺名。

③输入"Q"为绘曲线。系统驱动全站仪测点,然后自动在两点间画一条曲线。

④输入"B"为边长交会定点。指定两点延伸的距离交会定点。

⑤输入"C"复合线将封闭,测制结束。

⑥输入"G"为隔点闭合。系统会驱动全站仪测第 5 点,并自动从第 4 点经过第 5 点闭合到第 1 点。第 5 点即所谓的"隔点",它满足这样一个条件:角 4 和角 5 均为直角。

⑦输入"J"为隔一点垂直。系统驱动全站仪新测一点,并计算出一个点使最后点、新测点、计算点三点连成直角并连线。

⑧输入"A"为微导线。输入推算下一点的微导线边的左角(度、分、秒)或指定平行或垂

直方向,根据距离(米)计算出该点并连线。

⑨输入"E"为延伸,在当前线条方向上延伸合适的距离。

⑩输入"I"为插点,在已连接的线段间插入新点。

⑪输入"U"为回退,删除上一步操作。

⑫输入"H"为换向,即确定当前观测点与已有地物是顺时针方向连接还是逆时针方向连接。

⑬鼠标定点即直接用鼠标在屏幕上输入点而不从全站仪读数据。

⑭回车为全站仪测点模式,根据提示测量。

⑮按 ESC 键退出测量。

⑯T,N,Z,X,L 命令说明详见 12.2.2。

测完平面图便可参考第 2 部分 8.3"绘制等高线",进行等高线的绘制、编辑,最后就可以进行图形分幅、图幅整饰。

12.3　总　结

12.3.1　立尺注意事项

①当测三点房时,要注意立尺的顺序,必须按顺时针或逆时针立尺。

②当测有辅助符号(如陡坎的毛刺),辅助符号生成在立尺前进方向的左侧,如果方向与实际相反,可用下面的方法换向。

"地物编辑(A)—线型换向"功能换向。

③要在坎顶立尺,并量取坎高。

④当测某些不需参与等高线计算的地物(如房角点)时,在观测控制平板上选择不建模选项。

12.3.2　野外作业注意事项

①测图过程中,为防止意外应该每隔 20～40 min 存一下盘,这样即使在中途因特殊情况出现死机,也不致前功尽弃。

②如选择手工输入观测值,系统会提示输入边长、角度,如选择全站仪,系统会自动驱动全站仪测量。

③镜高是默认为上一次的值。当测某些不需参与等高线计算的地物(如房角点)时,在观测控制平板上选择不建模选项。

④测碎部点,其定点方式分全站仪定点方式和鼠标定点方式两种,可通过屏幕右侧菜单的"方式转换"项切换。全站仪定点方式是根据全站仪传来的数据算出坐标后成图;鼠标定点方式是利用鼠标在图形编辑区直接绘图。

⑤跑尺员在野外立尺时,尽可能将同一地物编码的地物连续立尺,以减少在计算机处来回切换。

⑥如果某地物还没测完就中断了,转而去测另一个地物,可利用"加地物名"功能添加地

物名备查。待继续测该地物时利用"测单个点"功能的"输入要连接本点地物名"项继续连接测量,即多棱镜测量。

⑦观测数据分为自动传输和手动传输两种情况。自动传输是由程序驱动全站仪自动测距、自动将观测数据传至计算机,如宾得全站仪;手动传输则是全站仪测距、观测数据的传输要人工干预,如徕卡全站仪。

⑧当系统驱动全站仪测距过程中想中断操作时,Windows 版则由系统的时钟控制,由系统向全站仪发出测距指令后 20 ~ 40 s 时间还没完成测距,将自动中断操作,并弹出如图 12.20 所示的窗口。

图 12.20 通信超时的窗口

⑨右侧菜单"找测站点"使测站点出现在屏幕的中央。

总之,采用电子平板的作业模式测图时,首先要准备好测站的工作,然后再进行碎部点的采集。测地物就在屏幕右侧菜单中选择相应图层中的图标符号,根据命令区的提示进行相应的操作即可将地物点的坐标测下来,并在屏幕编辑区里展绘出地物的符号,实现所测即所得。

第 *13* 章　CASS*7.0* 在工程中的应用

本章主要讲述 CASS7.0 在工程中的应用。

13.1　基本几何要素的查询

本节主要介绍如何查询指定点坐标、两点距离及方位、线长、实体面积。

13.1.1　查询指定点坐标

用鼠标点取"工程应用"菜单中的"查询指定点坐标"。用鼠标点取所要查询的点即可；也可以先进入点号定位方式，再输入要查询的点号。

说明：系统左下角状态栏显示的坐标是笛卡儿坐标系中的坐标，与测量坐标系的 X 和 Y 的顺序相反。用此功能查询时，系统在命令行给出的 X、Y 是测量坐标系的值。

13.1.2　查询两点距离及方位

用鼠标点取"工程应用"菜单下的"查询两点距离及方位"。用鼠标分别点取所要查询的两点即可。也可以先进入点号定位方式，再输入两点的点号。

说明：CASS7.0 所显示的坐标为实地坐标，所以所显示的两点间的距离为实地距离。

13.1.3　查询线长

用鼠标点取"工程应用"菜单下的"查询线长"。用鼠标点取图上曲线即可。

13.1.4　查询实体面积

用鼠标点取待查询的实体的边界线即可，要注意实体应该是闭合的。

13.1.5　计算表面积

对于不规则地貌，其表面积很难通过常规的方法来计算，在这里可以通过建模的方法来计算，系统通过 DTM 建模，在三维空间内将高程点连接为带坡度的三角形，再通过每个三角形面积累加得到整个范围内不规则地貌的面积。如图 13.1 所示，要计算矩形范围内地貌的表面积。

点击"工程应用\计算表面积\根据坐标文件"命令，命令区提示：

请选择：(1)根据坐标数据文件(2)根据图上高程点：回车选 1。

选择土方边界线：用拾取框选择图上的复合线边界。

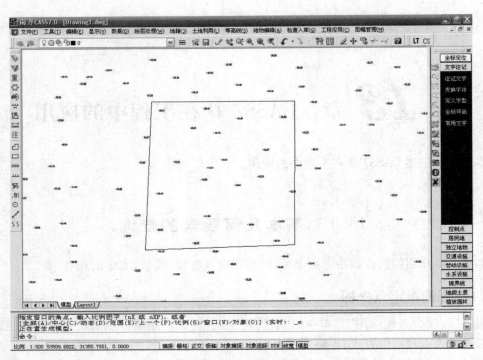

图 13.1　选定计算区域

请输入边界插值间隔(米):<20>5 输入在边界上插点的密度。

表面积 = 15 863.516 m^2,详见 surface. log 文件显示计算结果, surface. log 文件保存在\CASS70\SYSTEM 目录下面。

图 13.2 为建模计算表面积的结果。

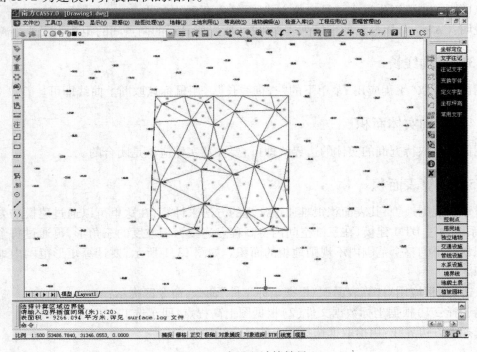

图 13.2　表面积计算结果

另外,计算表面积还可以根据图上高程点,操作的步骤相同,但计算的结果会有差异。这是因为由坐标文件计算时,边界上内插点的高程由全部的高程点参与计算得到,而由图上高程点来计算时,边界上内插点只与被选中的点有关,故边界上点的高程会影响到表面积的结果。到底由哪种方法计算合理与边界线周边的地形变化条件有关,变化越大的,越趋向于由图面上来选择。

13.2　土方量的计算

13.2.1　DTM 法土方计算

由 DTM 模型来计算土方量是根据实地测定的地面点坐标(X,Y,Z)和设计高程,通过生成三角网来计算每一个三棱锥的填挖方量,最后累计得到指定范围内填方和挖方的土方量,并绘出填挖方分界线。

DTM 法土方计算共有三种方法,第一种是由坐标数据文件计算,第二种是依照图上高程点进行计算,第三种是依照图上的三角网进行计算。前两种算法包含重新建立三角网的过程,第三种方法直接采用图上已有的三角形,不再重建三角网。下面分述三种方法的操作过程:

1)根据坐标计算

①用复合线画出所要计算土方的区域,一定要闭合,但是尽量不要拟合,因为拟合过的曲线在进行土方计算时会用折线迭代,影响计算结果的精度。

②用鼠标点取"工程应用\DTM 法土方计算\根据坐标文件"。

③提示:选择边界线用鼠标点取所画的闭合复合线,弹出如图 13.3 土方计算参数设置对话框。

图 13.3　土方计算参数设置

区域面积:该值为复合线围成的多边形的水平投影面积。

平场标高:指设计要达到的目标高程。

边界采样间隔:边界插值间隔的设定,默认值为 20 米。

边坡设置:选中处理边坡复选框后,则坡度设置功能变为可选,选中放坡的方式(向上或向下:指平场高程相对于实际地面高程的高低,平场高程高于地面高程则设置为向下放坡)。然后输入坡度值。

④设置好计算参数后屏幕上显示填挖方的提示框,命令行显示:

挖方量=××××立方米,填方量=××××立方米

同时在图上绘出所分析的三角网、填挖方的分界线(白色线条),如图 13.4 所示。计算三角网构成详见 DTMtf.log 文件。

⑤关闭对话框后系统提示:

请指定表格左下角位置:<直接回车不绘表格>用鼠标在图上适当位置点击,CASS7.0 会在该处绘出一个表格,包含平场面积、最大高程、最小高程、平场标高、填方量、挖方量和图形,如图 13.5—图 13.7 所示。

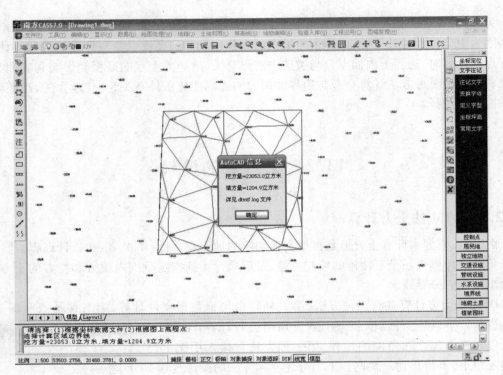

图 13.4　填挖方提示框

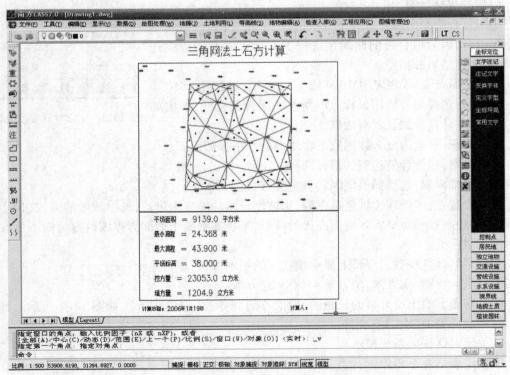

图 13.5　填挖方量计算结果表格

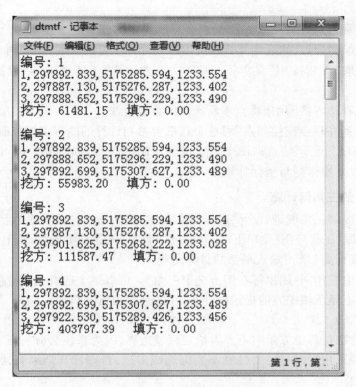

图 13.6　DTM 土方计算结果

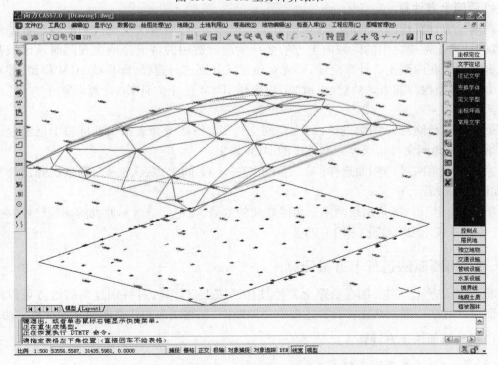

图 13.7　土方计算放边坡效果图

2)根据图上高程点计算

①首先要展绘高程点,然后用复合线画出所要计算土方的区域,要求同 DTM 法。

②用鼠标点取"工程应用"菜单下"DTM 法土方计算"子菜单中的"根据图上高程点计算"。

③提示:"选择边界线"用鼠标点取所画的闭合复合线。

④提示:"选择高程点或控制点"可逐个选取要参与计算的高程点或控制点,也可拖框选择。如果键入"ALL"回车,将选取图上所有已经绘出的高程点或控制点。弹出土方计算参数设置对话框,以下操作则与坐标计算法一样。

3)根据图上的三角网计算

①对已经生成的三角网进行必要的添加和删除,使结果更接近实际地形。

②用鼠标点取"工程应用"菜单下"DTM 法土方计算"子菜单中的"依图上三角网计算"。

③提示:平场标高(米):输入平整的目标高程。

请在图上选取三角网:用鼠标在图上选取三角形,可以逐个选取也可拉框批量选取。

回车后屏幕上显示填挖方的提示框,同时在图上绘出所分析的三角网、填挖方的分界线(白色线条)。

注意:用此方法计算土方量时不要求给定区域边界,因为系统会分析所有被选取的三角形。因此,在选择三角形时一定要注意不要漏选或多选,否则计算结果有误,且很难检查出问题所在。

4)两期土方计算

两期土方计算指的是对同一区域进行了两期测量,利用两次观测得到的高程数据建模后叠加,计算出两期之中的区域内土方的变化情况。适用的情况是两次观测时该区域都是不规则表面。在两期土方计算之前,要先对该区域分别进行建模,即生成 DTM 模型,并将生成的 DTM 模型保存起来。然后,点取"工程应用\DTM 法土方计算\计算两期土方量"命令区提示如下。

第一期三角网:(1)图面选择(2)三角网文件<2>图面选择表示当前屏幕上已经显示的 DTM 模型,三角网文件指保存到文件中的 DTM 模型。

第二期三角网:(1)图面选择(2)三角网文件<1>1 同上,默认选 1。则系统弹出计算结果,如图 13.8 所示。

单击"确定"后,屏幕出现两期三角网叠加的效果,蓝色部分表示此处的高程已经发生变化,红色部分表示没有变化(图 13.9)。

13.2.2 用断面法进行土方量计算

断面法土方计算主要用在公路土方计算和区域土方计算,对特别复杂的地方可以用任意断面设计方法。断面法土方计算主要有道路断面、场地断面和任意断面 3 种计算方法。

1)道路断面法土方计算

(1)第一步:生成里程文件

里程文件用离散的方法描述了实际地形。接下来的所有工作都是在分析里程文件里的

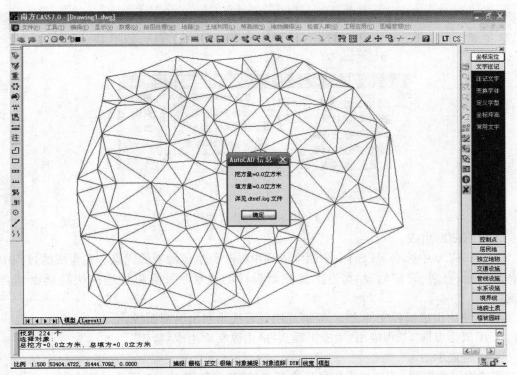

图 13.8　两期土方计算结果

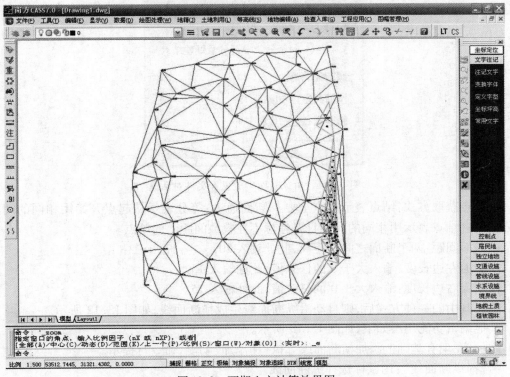

图 13.9　两期土方计算效果图

数据后才能完成的。生成里程文件常用的有 4 种方法,点取菜单"工程应用",在弹出的菜单里选"生成里程文件",CASS7.0 提供了 4 种生成里程文件的方法,如图 13.10 所示。

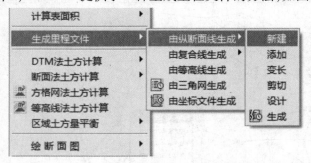

图 13.10　生成里程文件菜单

①由纵断面生成。

在 CASS7.0 中综合了以前由图面生成和由纵断面生成两者的优点。在生成的过程中充分体现灵活、直观、简捷的设计理念,将图纸设计的直观和计算机处理的快捷紧密结合在一起。

A. 在使用生成里程文件之前,要事先用复合线绘制出纵断面线。

B. 用鼠标点取"工程应用\生成里程文件\由纵断面生成\新建"。

C. 屏幕提示。

请选取纵断面线:用鼠标点取所绘纵断面线,弹出如图 13.11 所示对话框。

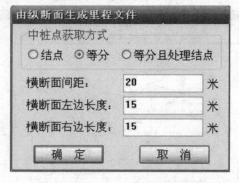

图 13.11　由纵断面生成里程文件对话框

中桩点获取方式:结点表示结点上要有断面通过;等分表示从起点开始用相同的间距;等分且处理结点表示用相同的间距且要考虑不在整数间距上的结点。

横断面间距:两个断面之间的距离,此处输入 20。

横断面左边长度:输入大于 0 的任意值,此处输入 15。

横断面右边长度:输入大于 0 的任意值,此处输入 15。

选择其中的一种方式后,则自动沿纵断面线生成横断面线,如图 13.12 所示。

其他编辑功能用法如下,如图 13.13 所示。

添加:在现有基础上添加横断面线。执行"添加"功能,命令行提示。

"选择纵断面线":用鼠标选择纵断面线。

输入横断面左边长度:(m)20。

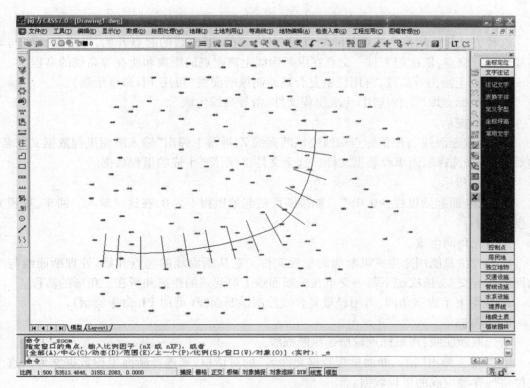

图 13.12　由纵断面生成横断面

输入横断面右边长度:(m)20。

选择获取中桩位置方式:(1)鼠标定点,(2)输入里程<1>1 表示直接用鼠标在纵断面线上定点。2 表示输入线路加桩里程。

指定加桩位置:用鼠标定点或输入里程。

变长:可将图上横断面左右长度进行改变;执行"变长"功能,命令行提示:

选择断面线;选择横断面线。

选择对象:找到一个。

选择对象:

图 13.13　横断面线
编辑命令

输入横断面左边长度:(m)21。

输入横断面右边长度:(m)21,输入左右的目标长度后该断面变长。

剪切:指定纵断面线和剪切边后剪掉部分断面多余部分。

设计:直接给横断面指定设计高程。首先绘出横断面线的切割边界,选定横断面线后弹出设计高程输入框。

生成:当横断面设计完成后,点击"生成"将设计结果生成里程文件。

②由复合线生成。

这种方法用于生成纵断面的里程文件。它从断面线的起点开始,按间距依次记下每一交点在纵断面线上离起点的距离和所在等高线的高程。

③由等高线生成。

这种方法只能用来生成纵断面的里程文件。它从断面线的起点开始,处理断面线与等高线的所有交点,依次记下每一交点在纵断面线上离起点的距离和所在等高线的高程。

A. 在图上绘出等高线,再用轻量复合线绘制纵断面线(可用 PL 命令绘制)。

B. 用鼠标点取"工程应用\生成里程文件\由等高线生成"。

C. 屏幕提示。

"请选取断面线":用鼠标点取所绘纵断面线 Z,屏幕上弹出"输入断面里程数据文件名"的对话框,来选择断面里程数据文件。这个文件将保存要生成的里程数据。

D. 屏幕提示。

"输入断面起始里程:<0.0>"。如果断面线起始里程不为 0,在这里输入。回车,里程文件生成完毕。

④由三角网生成。

这种方法只能用来生成纵断面的里程文件。它从断面线的起点开始,处理断面线与三角网的所有交点,依次记下每一交点在纵断面线上离起点的距离和所在三角形的高程。

A. 在图上生成三角网,再用轻量复合线绘制纵断面线(可用 PL 命令绘制)。

B. 屏幕提示。

请选取断面线:用鼠标点取所绘纵断面线。

C. 屏幕上弹出"输入断面里程数据文件名"的对话框,来选择断面里程数据文件。这个文件将保存要生成的里程数据。

D. 屏幕提示。

"输入断面起始里程:<0.0>"。如果断面线起始里程不为 0,在这里输入。回车,里程文件生成完毕。

⑤由坐标文件生成。

A. 用鼠标点取"工程应用"菜单下的"生成里程文件"子菜单中的"由坐标文件生成"。

B. 屏幕上弹出"输入简码数据文件名"的对话框,来选择简码数据文件。这个文件的编码必须按以下方法定义,具体例子见"DEMO"子目录下的"ZHD.DAT"文件。

总点数如下:

点号,M1,X 坐标,Y 坐标,高程　[其中,代码 Mi 表示道路中心点,代码 i 表示该点是对应 Mi 的道路横断面上的点]

点号,1,X 坐标,Y 坐标,高程

…

点号,M2,X 坐标,Y 坐标,高程

点号,2,X 坐标,Y 坐标,高程

…

点号,Mi,X 坐标,Y 坐标,高程

点号,i,X 坐标,Y 坐标,高程

…

C. 屏幕上弹出"输入断面里程数据文件名"的对话框,来选择断面里程数据文件。这个文件将保存要生成的里程数据。

命令行出现提示:"输入断面序号:<直接回车处理所有断面>"。如果输入断面序号,则只转换坐标文件中该断面的数据;如果直接回车,则处理坐标文件中所有断面的数据。

严格来说,生成里程文件还可以用手工输入和编辑。手工输入就是直接在文本中编辑里程文件,在某些情况下这比由图面生成等方法还要方便、快捷。

(2)第二步:选择土方计算类型

①用鼠标点取"工程应用\断面法土方计算\道路断面",如图 13.14 所示。

图 13.14　断面土方计算子菜单

②单击后弹出对话框,道路断面的初始参数都可以在这个对话框中进行设置,如图 13.15 所示。

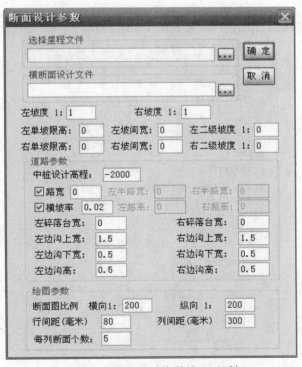

图 13.15　断面设计参数输入对话框

测绘数字制图与成图
CEHUI SHUZI ZHITU YU CHENGTU

（3）第三步：给定计算参数

接下来，就是在上一步弹出的对话框中输入道路的各种参数，以达所需。

①选择里程文件：单击确定左边的按钮（上面有三点的），出现"选择里程文件名"的对话框。选定第一步生成的里程文件。

②横断面设计文件：横断面的设计参数可以事先写入一个文件中。单击："工程应用\断面法土方计算\道路设计参数文件"，弹出如图13.16所示的输入界面。

横断面序号	中桩高程	左坡度1:	右坡度1:	左宽	右宽	横坡率	左超高
1	1	89	1	1	10	10	0.02	0
2	2	89	1	1	10	10	0.02	0
3	3	89	1	1	10	10	0.02	0
4	4	89	1	1	10	10	0.02	0
5	5	89	1	1	10	10	0.02	0
6	6	89	1	1	10	10	0.02	0
7	7	89	1	1	10	10	0.02	0
8	8	89	1	1	10	10	0.02	0
9	9	89	1	1	10	10	0.02	0
10								

打 开　　保 存　　增 加　　删 除　　退 出

图13.16　道路设计参数输入

③如果不使用道路设计参数文件，则在图13.15中把实际设计参数填入各相应的位置。注意：单位均为米。

④单击"确定"按钮后，弹出对话框，如图13.17所示。

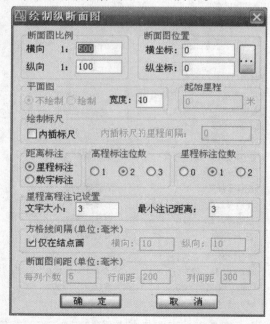

图13.17　绘制纵断面图设置

系统根据上步给定的比例尺,在图上绘出道路的纵断面。

⑤至此,图上已绘出道路的纵断面图及每一个横断面图,结果如图13.18所示。

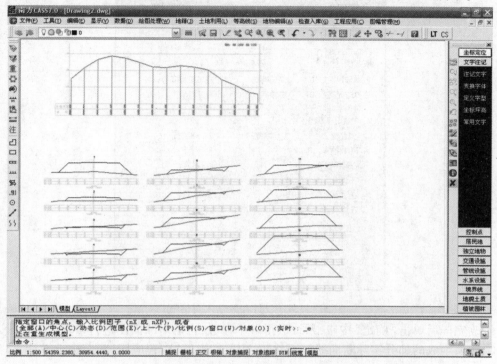

图 13.18　纵横断面图成果示意图

如果道路设计时该区段的中桩高程全部一样,就不需要下一步的编辑工作了。但实际上,有些断面的设计高程可能和其他的不一样,这样就需要手工编辑这些断面。

⑥如果生成的部分设计断面参数需要修改,用鼠标点取"工程应用\断面法土方计算\修改设计参数",如图13.19所示。

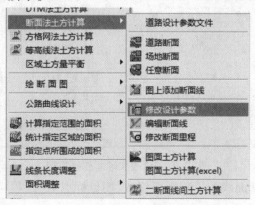

图 13.19　修改设计参数子菜单

屏幕提示:

"选择断面线":这时可用鼠标点取图上需要编辑的断面线,选设计线或地面线均可。选中后弹出如图13.20所示对话框,可以非常直观地修改相应参数。

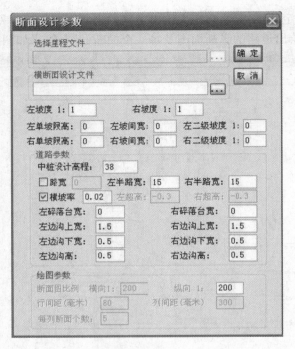

图 13.20　设计参数输入对话框

修改完毕后单击"确定"按钮,系统取得各个参数,自动对断面图进行重算。

⑦如果生成的部分实际断面线需要修改,用鼠标点取"工程应用\断面法土方计算\编辑断面线"功能。

屏幕提示:

"选择断面线":这时可用鼠标点取图上需要编辑的断面线,选设计线或地面线均可(但编辑的内容不一样)。选中后弹出如图 13.21 所示对话框,可以直接对参数进行编辑。

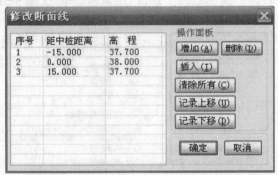

图 13.21　修改实际断面线高程

⑧如果生成的部分断面线的里程需要修改,用鼠标点取"工程应用\断面法土方计算\修改断面里程"。

屏幕提示:

选择断面线:这时可用鼠标点取图上需要修改的断面线,选设计线或地面线均可。

断面号:×,里程:××,…×××,请输入该断面新里程:输入新的里程即可完成修改。将所有的断面编辑完后,就可进入第四步。

(4)第四步:计算工程量

①用鼠标点取"工程应用\断面法土方计算\图面土方计算",如图 13.22 所示。

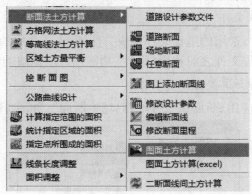

图 13.22 图面土方计算子菜单图

命令行提示:

"选择要计算土方的断面图":拖框选择所有参与计算的道路横断面图。

"指定土石方计算表左上角位置":在屏幕适当位置点击鼠标定点。

②系统自动在图上绘出土石方计算表,如图 13.23 所示。

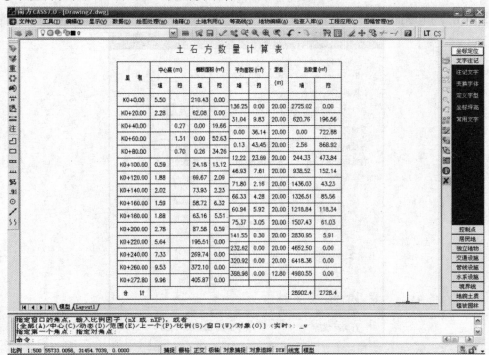

图 13.23 土石方计算表

③在命令行提示。

"总挖方 = ×××× m³,总填方 = ×××× m³"

④至此,该区段的道路填挖方量已经计算完成,可以将道路纵横断面图和土石方计算表打印出来,作为工程量的计算结果。

2)场地断面土方计算

(1)第一步:生成里程文件

在场地的土方计算中,常用的里程文件生成方法同13.2.2 中的1)由纵断面线生长方法一样,不同的是在生成里程文件之前利用"设计"功能加入断面线的设计高程。

(2)第二步:选择土方计算类型

①用鼠标点取"工程应用\断面法土方计算\场地断面",如图 13.24 所示。

图 13.24　场地断面子菜单

②单击"场地断面"后弹出对话框,道路的所有参数都是在图 13.25 的对话框中进行设置的。

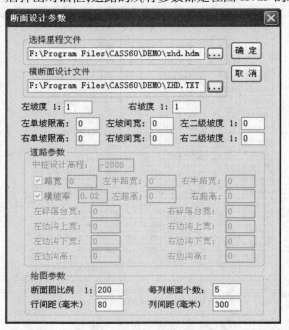

图 13.25　断面设计参数输入对话框

可能有使用者会认为这个对话框和道路土方计算的对话框是一样的。实际上,在这个对话框中道路参数全部变灰,不能使用,只有坡度等参数才可用。

（3）第三步：给定计算参数

接下来就是在图 13.25 弹出的对话框中输入各种参数。

①选择里程文件：单击"确定"左边的按钮（上面有三点的），出现"选择里程文件名"的对话框。选定第一步生成的里程文件。

②把横断面设计文件或实际设计参数填入相应的位置。注意：单位均为"米"。

③单击"确定"按钮后，屏幕提示如图 13.26 所示。

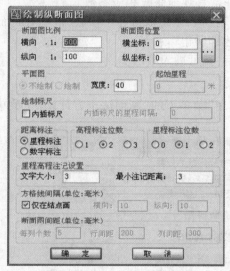

图 13.26　断面图要素设置

④单击"确定"在图上绘出道路的纵横断面图，结果如图 13.27 所示。

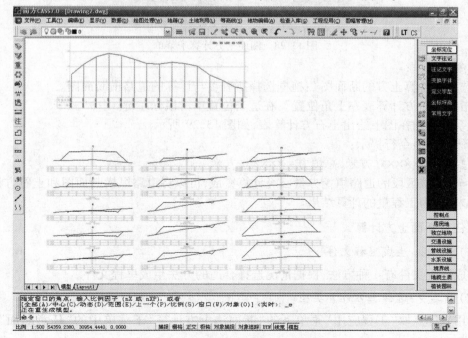

图 13.27　纵横断面图

如果道路设计时该区段的中桩高程全部一样,就不需要下一步的编辑工作了。但实际上,有些断面的设计高程可能和其他的不一样,这样就需要手工编辑这些断面。

⑤如果生成的部分断面参数需要修改,用鼠标点取"工程应用\断面法土方计算\修改设计参数"。

屏幕提示:

"选择断面线":这时可用鼠标点取图上需要编辑的断面线,选设计线或地面线均可。弹出修改参数对话框则可以非常直观地修改相应参数。

修改完毕后单击"确定"按钮,系统取得各个参数,自动对断面图进行修正。这一步骤不需要用户干预,实现了"所改即所得"。

将所有的断面编辑完后,就可进入第四步。

(4)第四步:计算工程量

①用鼠标点取"工程应用"菜单下的"断面法土方计算"子菜单中的"图面土方计算",如图 13.28 所示。

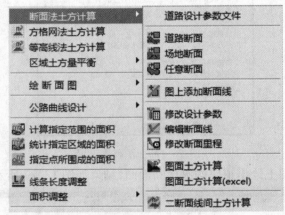

图 13.28   图面土方计算子菜单

命令行提示:

"选择要计算土方的断面图":拖框选择所有参与计算的道路横断面图。

"指定土石方计算表左上角位置":在适当位置单击鼠标左键。

②系统自动在图上绘出土石方计算表,如图 13.29 所示。

③然后在命令行提示:

"总挖方=××××立方米,总填方=××××立方米"。

④至此,该区段的道路填挖方量已经计算完成,可以将道路纵横断面图和土石方计算表打印出来,作为工程量的计算结果。

3)任意断面土方计算

(1)第一步:生成里程文件

生成里程文件有 4 种方法,根据情况选择合适的方法生成里程文件。

(2)第二步:选择土方计算类型

①用鼠标点取"工程应用"菜单下的"断面法土方计算"子菜单中的"任意断面",如图 13.30 所示。

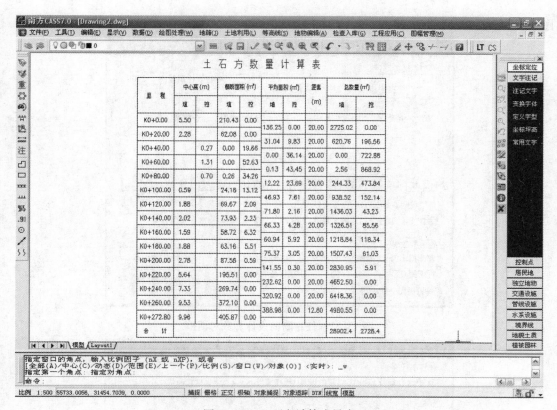

图 13.29　土石方计算成果表

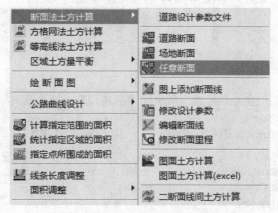

图 13.30　任意断面子菜单

②单击后弹出对话框,任意断面设计参数在图 13.31 中设置。

在"选择里程文件"中选择第一步中生成的里程文件。在左右两边的显示框中是对设计道路横断面的描述,两边的描述都是从中桩开始向两边描述的,如图 13.32 所示。

图 13.32 所述的是从中桩画 10 米的平行线,再向下 0.5 米宽 1∶1 坡度的向下斜坡, 0.5 米宽平行线,然后是 1∶1 坡度的向上斜坡。编辑好道路横断面线后,单击"确定"按钮弹出如图 13.33 所示的对话框。

③设置好绘制纵断面的参数,单击"确定",图上已绘出道路的纵断面图、每一个横断面

图,结果如图 13.34 所示。

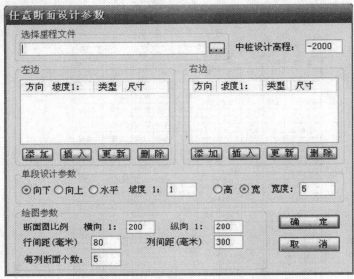

图 13.31　任意断面设计参数对话框

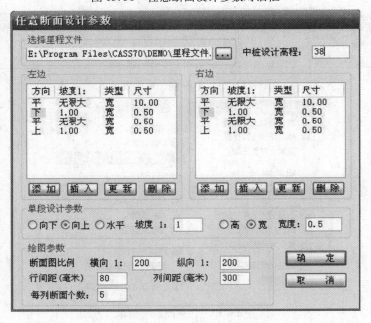

图 13.32　任意断面设计

(3)第三步:计算工程量

计算土方如上例所述。

4)二断面线间土方计算

二断面线间土方计算是计算两工期之间或土石方分界土方的工程量。

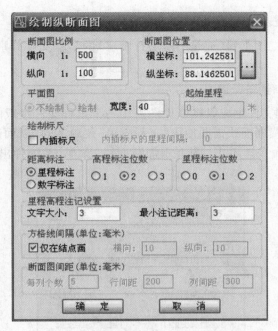

图 13.33　绘制断面图的参数设置

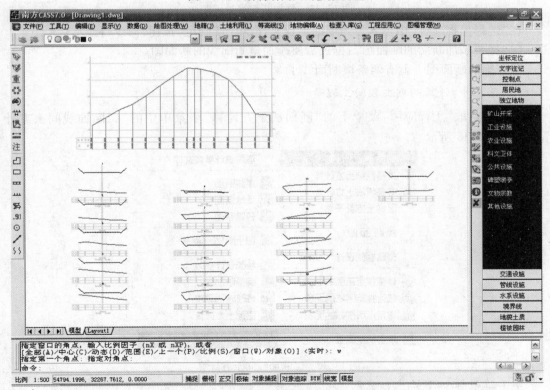

图 13.34　纵横断面图成果图

（1）第一步：生成里程文件

用第一期工程、第二期工程（或是土质层石质层）的高程文件分别生成里程文件一和里程文件二。

（2）第二步：生成纵横断面图

使用其中一个里程文件生成纵横断面图。用一个里程文件生成的横断面图，只有一条横断面线，另外一期的横断面线需要使用"工程应用"菜单下的"断面法土方计算"子菜单中的"图上添加断面线"命令。单击"图上添加断面线"菜单，系统弹出如图 13.35 所示的对话框。

图 13.35　添加断面线对话框

在"选择里程文件"中填入另一期的里程文件，单击"确定"按钮，命令行显示：

"选择要添加断面的断面图"：框选需要添加横断面线的断面图。

回车确认断面图上就有两条横断面线了。

（3）第三步：计算两期工程间工程量

用鼠标点取"工程应用"菜单下的"断面法土方计算"子菜单中的"二断面线间土方计算"，如图 13.36 所示。

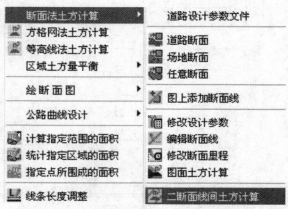

图 13.36　二断面线间土方计算

单击菜单命令后，命令行显示：

输入第一期断面线编码（C）/＜选择已有地物＞：选择第一期的断面线。

输入第二期断面线编码（C）/＜选择已有地物＞：选择第二期的断面线。

选择要计算土方的断面图:框选需要计算的断面图。

回车确认,命令行显示:

指定土石方计算表左上角位置:点取插入土方计算表的左上角

总挖方=×××.××立方米,总填方=×××.××立方米。

至此,二断面线间土方计算已完成,结果如图 13.37 所示。

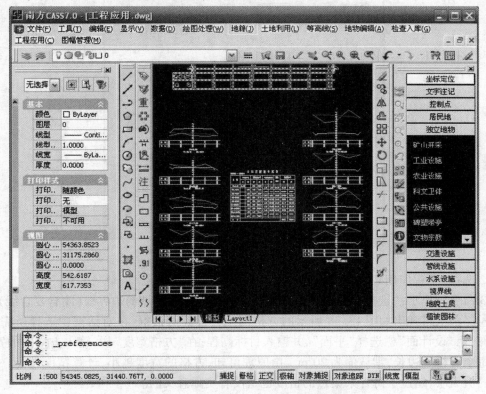

图 13.37　二断面线间土方计算成果图

13.2.3　方格网法土方计算

由方格网来计算土方量是根据实地测定的地面点坐标(X,Y,Z)和设计高程,通过生成方格网来计算每一个方格内的填挖方量,最后累计得到指定范围内填方和挖方的土方量,并绘出填挖方分界线。

系统首先将方格的四个角上的高程相加(如果角上没有高程点,通过周围高程点内插得出其高程),取平均值与设计高程相减。然后,通过指定的方格边长得到每个方格的面积,再用长方体的体积计算公式得到填挖方量。方格网法简便直观,易于操作,因此这一方法在实际工作中应用非常广泛。

用方格网法算土方量,设计面可以是平面,也可以是斜面,还可以是三角网,如图 13.38 所示。

1)设计面是平面时的操作步骤

①用复合线画出所要计算土方的区域,一定要闭合,但是尽量不要拟合。因为拟合过的

曲线在进行土方计算时会用折线迭代,影响计算结果的精度。

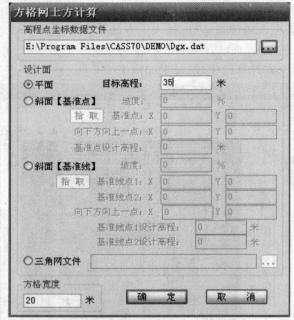

图 13.38 方格网土方计算对话框

②选择"工程应用\方格网法土方计算"命令。

③命令行提示:"选择计算区域边界线";选择土方计算区域的边界线(闭合复合线)。

④屏幕上将弹出如图 13.38 所示的方格网土方计算对话框,在对话框中选择所需的坐标文件;在"设计面"栏选择"平面",并输入目标高程;在"方格宽度"栏,输入方格网的宽度,这是每个方格的边长,默认值为 20 m。由原理可知,方格的宽度越小,计算精度越高。但如果给的值太小,超过了野外采集点的密度也是没有实际意义的。

⑤单击"确定"按钮,命令行提示:

最小高程=××.×××米,最大高程=××.×××米

总填方=××××.×立方米,总挖方=×××.×立方米

同时,图上绘出所分析的方格网,填挖方的分界线(绿色折线),并给出每个方格的填挖方,每行的挖方和每列的填方,结果如图 13.39 所示。

2)设计面是斜面时的操作步骤

设计面是斜面的时候,操作步骤与平面基本相同,区别在于在方格网土方计算对话框"设计面"栏中,选择"斜面(基准点)"或"斜面(基准线)"。

如果设计面是斜面(基准点),需要确定坡度、基准点和向下方向上一点的坐标,以及基准点的设计高程。

单击"拾取",命令行提示:

"点取设计面基准点":确定设计面的基准点。

"指定斜坡设计面向下的方向":点取斜坡设计面向下的方向。

如果设计面是斜面(基准线),需要输入坡度并点取基准线上的两个点以及基准线向下

方向上的一点,最后输入基准线上两个点的设计高程即可进行计算。

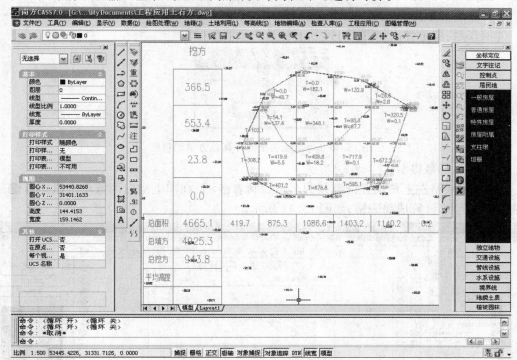

图 13.39　方格网法土方计算成果图

单击"拾取",命令行提示:

"点取基准线第一点":点取基准线的一点。

"点取基准线第二点":点取基准线的另一点。

"指定设计高程低于基准线方向上的一点":指定基准线方向两侧低的一边。

方格网计算的成果如图 13.39 所示。

3)设计面是三角网文件时的操作步骤

选择设计的三角网文件,单击"确定"按钮,即可进行方格网土方计算。

13.2.4　等高线法土方计算

用户将白纸图扫描矢量化后可以得到图形。但是这样的图都没有高程数据文件,所以无法用前面的几种方法计算土方量。

一般来说,这些图上都会有等高线。所以,CASS7.0 开发了由等高线计算土方量的功能,专为这类用户设计。

用此功能可计算任意两条等高线之间的土方量,但所选等高线必须闭合。由于两条等高线所围面积可求,两条等高线之间的高差已知,可求出这两条等高线之间的土方量。

①点取"工程应用"下的"等高线法土方计算"。

②屏幕提示:

"选择参与计算的封闭等高线":可逐个点取参与计算的等高线,也可按住鼠标左键拖框选取。但是,只有封闭的等高线才有效。

③回车后屏幕提示:"输入最高点高程:<直接回车不考虑最高点>"。

④回车后:屏幕弹出如图 13.40 所示的总方量消息框。

图 13.40　等高线法土方计算总方量消息框

⑤回车后屏幕提示:

"请指定表格左上角位置:<直接回车不绘制表格>":在图上空白区域单击鼠标右键,系统将在该点绘出计算成果表格,如图 13.41 所示。

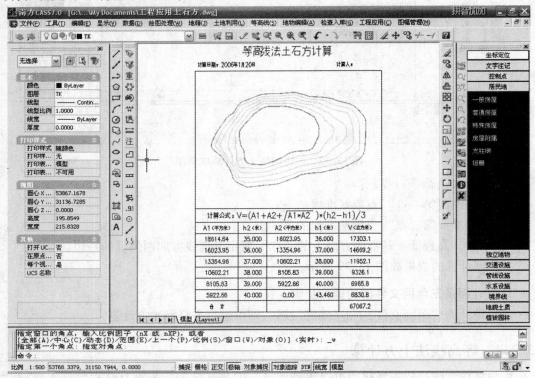

图 13.41　等高线法土方计算

可以从表格中看到每条等高线围成的面积和两条相邻等高线之间的土方量;另外,还有计算公式等。

13.2.5　区域土方量平衡

土方平衡的功能常在场地平整时使用。当一个场地的土方平衡时,挖掉的土石方刚好等于填方量。以填挖方边界线为界,从较高处挖得的土石方直接填到区域内较低的地方,就可完成场地平整。这样可以大幅度减少运输费用。

①在图上展出点,用复合线绘出需要进行土方平衡计算的边界。

②点取"工程应用\区域土方平衡\根据坐标数据文件(根据图上高程点)"。如果要分析整个坐标数据文件,可直接按回车;如果没有坐标数据文件,而只有图上的高程点,则选"根据图上高程点"。

③命令行提示:

"选择边界线":点取第一步所画闭合复合线。

"输入边界插值间隔(米):<20>"。

这个值将决定边界上的取样密度,如前面所说,如果密度太大,超过了高程点的密度,实际意义并不大。一般用默认值即可。

④如果前面选择"根据坐标数据文件",这里将弹出对话框,要求输入高程点坐标数据文件名,如果前面选择的是"根据图上高程点",此时命令行将提示:

"选择高程点或控制点":用鼠标选取参与计算的高程点或控制点。

⑤回车后弹出如图 13.42 所示的对话框。

同时命令行出现提示:

"平场面积=××××平方米"。

"土方平衡高度=×××米,挖方量=×××立方米,填方量=×××立方米"。

图 13.42　土方量平衡

⑥单击"确定"按钮,命令行提示:

"请指定表格左下角位置:<直接回车不绘制表格>"。

在图上空白区域单击鼠标左键,在图上绘出计算结果表格,如图 13.43 所示。

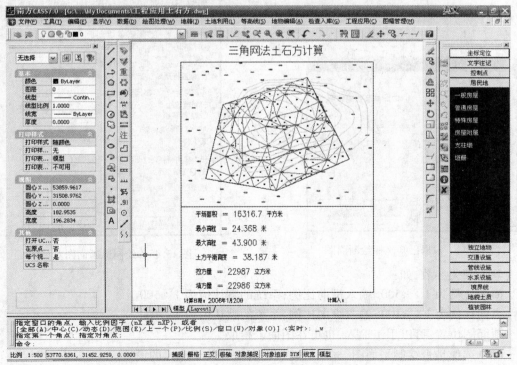

图 13.43　区域土方量平衡

13.3 断面图的绘制

绘制断面图的方法有 4 种：①由图面生成；②根据里程文件；③根据等高线；④根据三角网。

13.3.1 由坐标文件生成

坐标文件指野外观测得到的包含高程点的文件，方法如下。

①先用复合线生成断面线，点取"工程应用\绘断面图\根据已知坐标"功能。

②提示：选择断面线用鼠标点取上步所绘断面线。屏幕上弹出"断面线上取值"的对话框，如图 13.44 所示。如果"坐标获取方式"栏中选择"由数据文件生成"，则在"坐标数据文件名"栏中选择高程点数据文件。

如果选"由图面高程点生成"，此步则为在图上选取高程点，前提是图面存在高程点，否则此方法无法生成断面图。

③输入采样点间距：输入采样点的间距，系统的默认值为 20 米。采样点间距的含义是复合线上两顶点之间若大于此间距，则每隔此间距内插一个点。

④输入起始里程<0.0>系统默认起始里程为 0。

⑤单击"确定"按钮之后，屏幕弹出绘制纵断面图对话框，如图 13.45 所示。

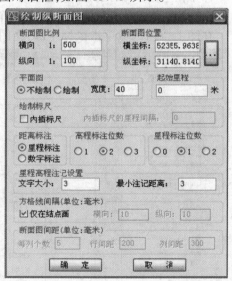

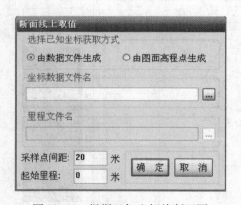

图 13.44 根据已知坐标绘断面图

图 13.45 绘制纵断面图对话框

输入相关参数，如：

横向比例为 1：<500>输入横向比例，系统的默认值为 1：500。

纵向比例为 1：<100>输入纵向比例，系统的默认值为 1：100。

断面图位置：可以手工输入，也可在图面上拾取。

可以选择是否绘制平面图、标尺、标注，还有一些关于注记的设置。

⑥单击"确定"按钮之后,在屏幕上出现所选断面线的断面图,如图 13.46 所示。

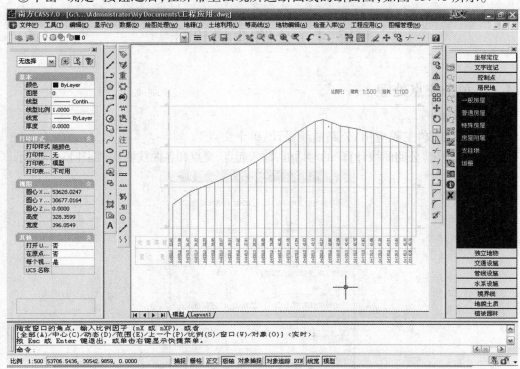

图 13.46　纵断面图

13.3.2　根据里程文件

　　根据里程文件绘制断面图,一个里程文件可包含多个断面的信息,此时绘断面图就可以一次绘出多个断面。

　　里程文件的一个断面信息内允许有该断面不同时期的断面数据,这样绘制这个断面时就可以同时绘出实际断面线和设计断面线。

13.3.3　根据等高线

　　如果图面存在等高线,则可以根据断面线与等高线的交点来绘制纵断面图。

　　选择"工程应用\绘断面图\根据等高线"命令,命令行提示:

　　"请选取断面线":选择要绘制断面图的断面线。

　　屏幕弹出绘制纵断面图对话框,如图 13.45 所示,操作方法详见由坐标文件生成。

13.3.4　根据三角网

　　如果图面存在三角网,则可以根据断面线与三角网的交点来绘制纵断面图。

　　选择"工程应用\绘断面图\根据三角网"命令,命令行提示:

　　"请选取断面线":选择要绘制断面图的断面线。

　　屏幕弹出绘制纵断面图对话框,如图 13.45 所示,操作方法详见由坐标文件生成。

13.4 公路曲线设计

13.4.1 单个交点处理

操作过程如下。

①用鼠标点取"工程应用\公路曲线设计\单个交点"。

②屏幕上弹出"公路曲线计算"的对话框,输入起点、交点和各曲线要素,如图 13.47 所示。

图 13.47 输入公路曲线已知要素文件名对话框

③屏幕上会显示公路曲线和平曲线要素表,如图 13.48 所示。

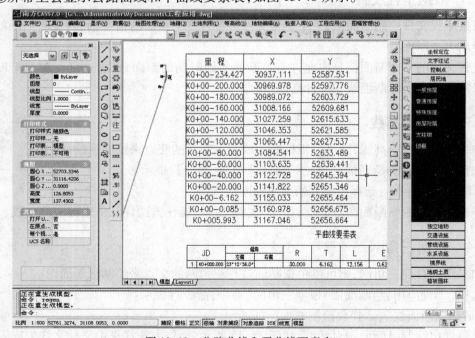

图 13.48 公路曲线和平曲线要素表

13.4.2　多个交点处理

1) 曲线要素文件录入

鼠标选取"工程应用\公路曲线设计\要素文件录入",命令行提示:

"(1)偏角定位(2)坐标定位:<1>":选偏角定位则弹出要素输入框,如图 13.49 所示。

图 13.49　偏角法曲线要素录入

(1)偏角定位法

①起点需要输入的数据。

A. 起点坐标。

B. 起点里程。

C. 起点看下一个交点的方位角。

D. 起点到下一个交点的直线距离。

②各个交点所输入的数据。

A. 点名。

B. 偏角。

C. 半径(若半径是 0,则为小偏角,即只是折线,不设曲线)。

D. 缓和曲线长(若缓和曲线长为 0,则为圆曲线)。

E. 到下一个交点的距离(如果是最后一个交点,则输入到终点的距离)。

③分析。通过<起点的坐标>、<到下一个交点的方位角>和到第一交点的距离可以推算出<第一个交点的坐标>。

根据<到下一个交点的方位角>和<第一个交点的偏角>可以推算出<第一个交点到第二个交点的方位角>,再根据<第一个交点到第二个交点的方位角>和<到第二个交点的距离>和<第一个交点的坐标>可以推出<第二个交点的坐标>。

以此类推,直到终点。选坐标定位则弹出要素输入框,如图 13.50 所示。

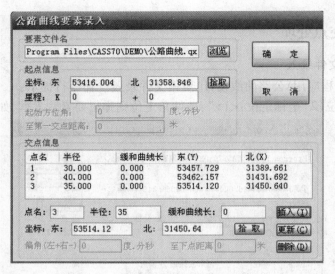

图 13.50　坐标法曲线要素录入

（2）坐标定位法

①起点需要输入的数据。

A. 起点坐标。

B. 起点里程。

②交点需输入的数据。

A. 点名。

B. 半径（若半径是 0，则为小偏角，即只是折线，不设曲线）。

C. 缓和曲线长（若缓和曲线长为 0，则为圆曲线）。

D. 交点坐标（若是最后一点则为终点坐标）。

分析：由<起点坐标>、<第一交点坐标>、<第二交点坐标>可以反算出<起点>至<第一交点>，<第一交点>至<第二交点>的方位角。由这两个方位角可以计算出第一曲线的偏角，由偏角半径和交点坐标则可以计算其他曲线要素。

以此类推，直至终点。

2）要素文件处理

鼠标选取"工程应用\公路曲线设计\曲线要素处理"命令，弹出如图 13.51 所示的对话框。

图 13.51　要素文件处理

在要素文件名栏中输入事先录入的要素文件路径,再输入采样间隔、绘图采样间隔。"输出采样点坐标文件"为可选。单击"确定"后,在屏幕指定平曲线要素表位置后绘出曲线及要素表,如图 13.52 所示。

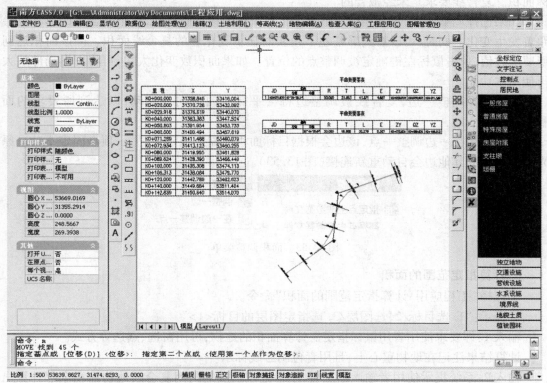

图 13.52 公路曲线设计要素表

13.5 面积应用

面积调整和注记实体面积

1)长度调整

通过选择复合线或直线,程序自动计算所选线的长度,并调整到指定的长度。

①选择"工程应用\线条长度调整"命令。

②提示:"请选择想要调整的线条"。

③提示:"起始线段长×××.××× 米,终止线段长×××.××× 米"。

④提示:"请输入要调整到的长度(米)":输入目标长度。

⑤提示:"需调整(1)起点(2)终点<2>":默认为终点。

回车或右键单击"确定"按钮,完成长度调整。

2)面积调整

面积调整是指通过调整封闭复合线的一点或一边,把该复合线面积调整成所要求的目标面积。复合线要求是未经拟合的。

如果选择调整一点,复合线被调整顶点将随鼠标的移动而移动,整个复合线的形状也会跟着发生变化。同时,可以看到屏幕左下角实时显示变化着的复合线面积。待该面积达到所要求数值,单击鼠标左键确定被调整点的位置。如果面积数变化太快,可将图形局部放大再使用本功能。

如果选择调整一边,复合线被调整边将会平行向内或向外移动,以达到所要求的面积值。

如果选择在一边调整一点,该边会根据目标面积而缩短或延长,另一顶点固定不动。原来连到此点的其他边会自动重新连接(图 13.53)。

图 13.53　面积调整菜单

3)计算指定范围的面积

①选择"工程应用\计算指定范围的面积"命令。

②提示:"1.选目标/2.选图层/3.选指定图层的目标<1>"。

输入 1:即要求使用者用鼠标指定需计算面积的地物,可用窗选、点选等方式。

计算结果注记在地物重心上,且用青色阴影线标示。

输入 2:系统提示使用者输入图层名,结果把该图层的封闭复合线地物面积全部计算出来并注记在重心上,且用青色阴影线标示。

输入 3:则先选图层,再选择目标,特别采用窗选时系统自动过滤,只计算注记指定图层被选中的以复合线封闭的地物。

③提示:"是否对统计区域加青色阴影线? <Y>":默认为"是"。

④提示:"总面积=×××××.×× 平方米"。

4)统计指定区域的面积

该功能用来将上面注记在图上的面积累加起来。

①用鼠标点取"工程应用\统计指定区域的面积"。

②提示:

面积统计—可用:窗口(W.C)/多边形窗口(WP.CP)/…等多种方式选择已计算过面积的区域。

"选择对象":选择面积文字注记,用鼠标拉一个窗口即可。

③提示:总面积=×××××.×× 平方米。

5)计算指定点所围成的面积

①用鼠标点取"工程应用\指定点所围成的面积"。

②提示:"输入点":用鼠标指定想要计算的区域的第一点,底行将一直提示输入下一点,

直到按鼠标的右键或回车键确认指定区域封闭(结束点和起始点并不是同一个点,系统将自动封闭结束点和起始点)。

③提示:总面积=×××××.××平方米。

13.6 图数转换

13.6.1 数据文件

1)指定点生成数据文件

①用鼠标点取"工程应用\指定点生成数据文件"。

②屏幕上弹出需要"输入数据文件名"的对话框,来保存数据文件,如图13.54所示。

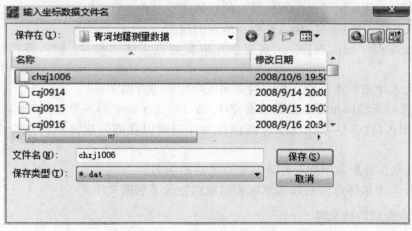

图13.54 输入数据文件名对话框

③提示:"指定点":用鼠标单击需要生成数据的指定点。

"地物代码":输入地物代码,如房屋为F0等。

"高程":输入指定点的高程。

"测量坐标系":$X=31.121$ m,$Y=53.211$ m,$Z=0.000$ m,Code:111111。此提示为系统自动给出。

"请输入点号":<9>默认的点号是由系统自动追加,也可以自己输入。

"是否删除点位注记?(Y/N)<N>":默认不删除点位注记。

④一个点的数据文件已生成。

2)高程点生成数据文件

①用鼠标点取"工程应用\高程点生成数据文件\有编码高程点(无编码高程点、无编码水深点)"。

②屏幕上弹出"输入数据文件名"的对话框,来保存数据文件,如图13.55所示。

提示:"请选择:(1)选取区域边界,(2)直接选取高程点或控制点<1>"。

选择获得高程点的方法,系统的默认设置为选取区域边界。

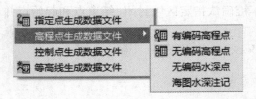

图 13.55　高程点生成数据文件菜单

③选择(1)。

提示:"请选取建模区域边界":用鼠标点取区域的边界。

"OK!"

选择(2)。

提示:"选择对象":(选择物体)用鼠标点取要选取的点。

④如果选择无编码高程点生成数据文件,则首先要保证高程点和高程注记必须各自在同一层中(高程点和注记可以在同一层),执行该命令后命令行提示:

"请输入高程点所在层":输入高程点所在的层名。

"请输入高程注记所在层":<直接回车取高程点实体 Z 值>。输入高程注记所在的层名。

"共读入 X 个高程点":有次提示时表示成功生成了数据文件。

⑤如果选择无编码水深点生成数据文件,则首先要保证水深高程点和高程。

注记必须各自在同一层中(水深高程点和注记可以在同一层),执行该命令后命令行提示:

"请输入水深点所在图层":输入高程点所在的层名。

"共读入 X 个水深点":有该提示时表示成功生成了数据文件。

3)控制点生成数据文件

①用鼠标点取"工程应用"菜单下的"控制点生成数据文件"。

②屏幕上弹出"输入数据文件名"的对话框,来保存数据文件。

③提示:"共读入×××个控制点"。

4)等高线生成数据文件

①用鼠标点取"工程应用"菜单下的"等高线生成数据文件"。

②屏幕上弹出"输入数据文件名"的对话框,来保存数据文件。

提示:"(1)处理全部等高线结点,(2)处理滤波后等高线结点<1>"。

等高线滤波后结点数会少很多,这样可以缩小生成数据文件的大小。执行完后,系统自动分析图上绘出的等高线,将所在结点的坐标记入第一步给定的文件中。

13.6.2　交换文件

CASS 为用户提供了多种文件形式的数字地图,除 AutoCAD 的 dwg 文件外,还提供了 CASS 本身定义的数据交换文件(后缀为 cas)。这为用户的各种应用带来了极大的方便。

dwg 文件一般方便于用户作各种规划设计和图库管理,cas 文件方便于用户将数字地图导入 GIS。由于 cas 文件是全信息的,因此在经过一定的处理后便可以将数字地图的所有信息毫无遗漏地导入 GIS。

CASS 的数据交换文件也为用户的其他数字化测绘成果进入 CASS 系统提供了方便之门。CASS 的数据交换文件与图形的转换是双向的,它的操作菜单中提供了这种双向转换的功能,即"生成交换文件"和"读入交换文件"。这就是说,不论用户的数字化测绘成果是以何种方法、何种软件、何种工具得到的,只要能转换为(生成)CASS 系统的数据交换文件,就可以将它导入 CASS 系统,就可以为数字化测图工作利用。另外,CASS 系统本身的"简码识别"功能就是把从电子手簿传过来的简码坐标数据文件转换成 CAS 交换文件,然后用"绘平面图"功能读出该文件而实现自动成图的。

1)生成交换文件

①用鼠标点取"数据处理"菜单下的"生成交换文件",如图 13.56 所示。

②屏幕上弹出"输入数据文件名"的对话框,来选择数据文件。

③提示:"绘图比例尺 1":输入比例尺,回车。

④可用"编辑"下的"编辑文本"命令查看生成的交换文件。

2)读入交换文件

①用鼠标点取"数据处理"菜单下的"读入交换文件",如图 13.25 所示。

②屏幕上弹出"输入 CASS 交换文件名"的对话框,来选择数据文件。如当前图形还没有设定比例尺,系统会提示用户输入比例尺。

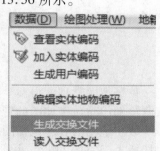

图 13.56   数据处理菜单

③系统根据交换文件的坐标设定图形显示范围,这样,交换文件中的所有内容都可以包含在屏幕显示区中了。

④系统逐行读出交换文件的各图层、各实体的各项空间或非空间信息并将其画出来。同时,各实体的属性代码也被加入。

注意:读入交换文件将在当前图形中插入交换文件中的实体。因此,如不想破坏当前图形,应在此之前打开一幅新图。

第 *14* 章　数字地图管理

图纸管理是数字化成图工作结束后将要面临的另一项重要工作。没有一个好的管理软件,就不可能更好地发挥数字化电子地图的优越性,CASS 成图系统可以使成图单位和用图单位都非常方便地查找和显示任一测区的任一图幅。

14.1　数字地图管理概述

数字地图管理使得 CASS 由单一的图形系统具有了信息管理功能,特别适合于中、小城市测绘部门对数字地图的管理。

数字地图的管理包括图幅信息库操作、图幅显示、图幅列表三大部分。信息库的操作还包括插入(添加)、删除、查找、编辑等。信息库可理解成档案室的图纸档案,信息库的操作就是给图纸建立档案;图纸显示的操作就相当于从信息库(图纸档案室)查找(显示)图纸。

14.2　图幅管理

用鼠标点取"图纸管理\图幅信息操作"项,如图 14.1 所示。

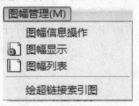

图 14.1　图纸管理菜单

14.2.1　图幅信息操作

图幅信息操作是建立地名库、图形库、宗地图库的过程,对地名、图幅、宗地图的相关信息进行操作。

鼠标点取本菜单,在对话框中进行操作,如图 14.2 所示。

1)地名库管理

①"添加"按扭:当使用者想要输入新的地名时,用鼠标单击"添加"按钮,在记录里就增加一条与最后一条记录相同的记录,然后用鼠标右键单击该记录修改成要添加的地名及左

图 14.2　地名库管理

下角的 X 值和 Y 值、右下角的 X 值和 Y 值,用鼠标单击"确定"按钮将输入的地名自动记录到地名库中,如果取消操作则按"取消"按钮。

②"删除"按钮:当使用者想要删除已有地名时,用鼠标选中要删除的对象,单击删除按钮,则选中的对象就被删除掉。

③"查找"按钮:当地名比较多时(为了查找方便),在地名文本框中输入要查找的地名后单击"确定"按钮,否则单击"取消"按钮;则查找到对象以高亮显示,否则提示未找到,如图 14.3 所示。

图 14.3　未找到对象时的提示

2) 图形库管理

鼠标点取图形库标签,在对话框中进行操作,如图 14.4 所示。

①"添加"按钮,增加新图幅信息。

②"删除"按钮,删除已有图幅信息。

③"查找"按钮,当图幅信息比较多时使用(为了查找方便,CASS 系统提供了地名和图号两种查询方法)。

3) 宗地图库管理

鼠标点取宗地图库标签,在对话框中进行操作,如图 14.5 所示。

①"添加"按钮,增加宗地信息。

②"删除"按钮,删除宗地信息。

③"查找"按钮,当宗地信息比较多时使用,系统可根据用户输入的宗地号搜索整个图库内的宗地图。

图 14.4　图形库管理

图 14.5　宗地图库管理

14.2.2　图幅显示

从图形库中选择一幅或几幅图同时在屏幕上显示,如图 14.6 所示。

1)按地名选择图幅

在地名选取下拉框中选择使用者要调出的地名,则在已选图幅中就会显示调出的图幅和地名,单击"调入图幅"就可以将图在 CASS 中打开,如图 14.7 所示。

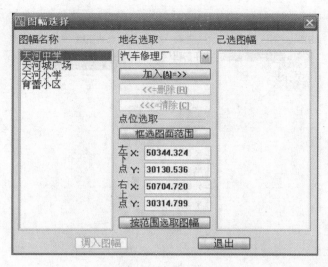

图 14.6　图幅选择

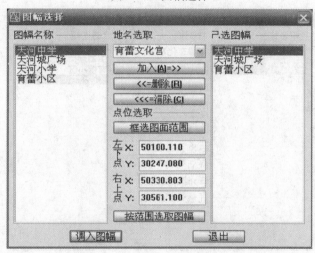

图 14.7　按地名选取

2）按点位选取的方式

在点位选取的文本框中输入用户需求范围的左下点及右下点 X,Y 坐标值,也可以单击框选图面范围按钮在图上直接点取。然后,单击按范围"选取图幅"按钮,在已选图幅框中显示需要的图幅。单击"调入图幅"按钮系统打开该图,如图 14.8 所示。

3）手工选取图幅的方式

如果使用者对图幅的连接情况比较熟悉,就可以采用这个方式。

首先,在图幅名框中选择所要的第一幅图的图幅名,用鼠标单击"加入"按钮,在已选取图幅框中使用者将看到该图的图幅名,则表示第一幅图已经成功选取。然后,加入第二、第三幅图。如果图幅选取错误,则可以在已选取图幅框中选择该图幅名,然后用鼠标单击"删除"按钮即可。用鼠标单击"清除"按钮,则可以把已选取图幅框中所有的图幅名清除,如图 14.9 所示。

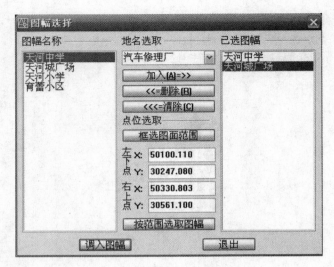

图 14.8　图幅显示对话框

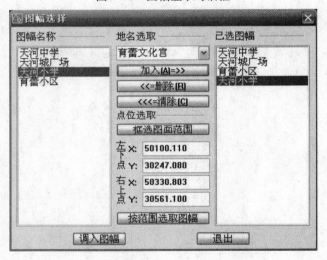

图 14.9　手工选择

　　用鼠标单击"调入图幅"按钮,就可以把已选取图幅框中所有的图幅调入。用鼠标单击"退出"按钮退出图纸显示对话框,取消所有操作。

14.2.3　图幅列表

　　鼠标单击"图幅管理\图幅列表",则在屏幕左侧出现图名库和宗地库列表,如图 14.10所示。

　　双击图名库中的地名或宗地库中的宗地图号,则右边屏幕马上打开相应的图形,如图14.11 所示。

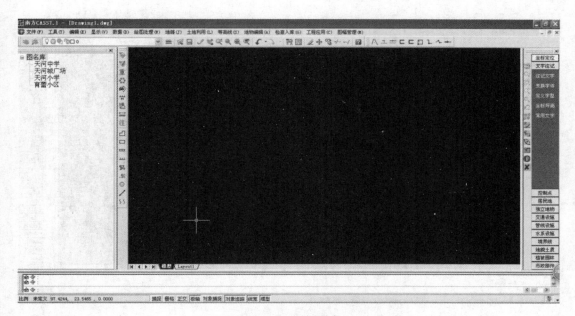

图 14.10　图幅列表

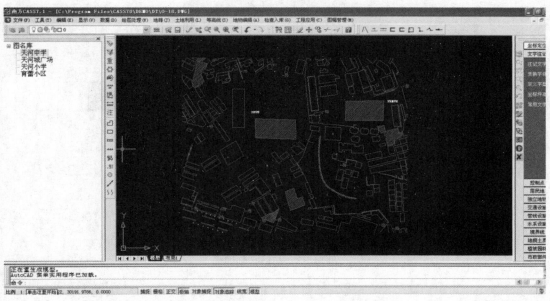

图 14.11　调入地形图

14.2.4　绘超链接索引图

鼠标单击"图幅管理\绘超链接索引图",则在主窗口中绘出存在图形库中的索引图,如图 14.12 所示。

按住"Ctrl"键,将鼠标移到索引图的地名上,屏幕则提示该地名所链接的图形的文件路径,如图 14.13 所示。单击图名,则屏幕马上打开相应的图形。链接路径的设置详见图 14.13 所示。

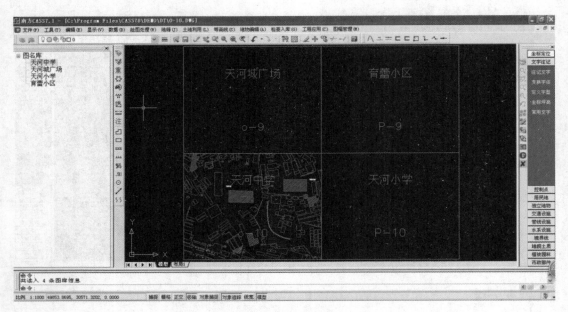

图 14.12　图幅列表

图 14.13　超链接到图形

第 *15* 章 CASS*7.0* 打印全攻略

打印出图过程如下：

开始，选择"文件（F）"菜单下的"绘图输出…"项，进入"打印"对话框，如图 15.1 所示。

图 15.1 打印机对话框

15.1 普通选项

15.1.1 设置"打印机／绘图仪"框

首先，在"打印机配置"框中的"名称（M）："一栏中选相应的打印机，然后单击"特性"按钮，进入"打印机配置编辑器"。

①在"端口"选项卡中选取"打印到下列端口（P）"单选按钮并选择相应的端口，如图 15.2 所示。

图 15.2　打印机配置编辑器端口设置

②打开"设备和文档设置"选项卡,如图 15.3 所示。

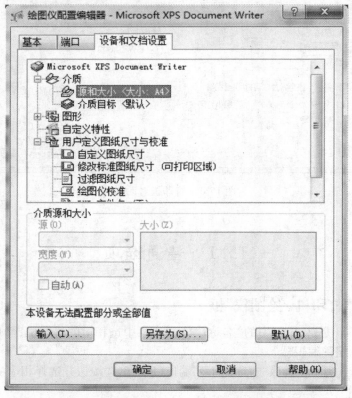

图 15.3　打印机配置编辑器设备和文档设置

③选择"用户定义图纸尺寸与标准"分支选项下的"自定义图纸尺寸"。在下方的"自定义图纸尺寸"框中单击"添加"按钮，添加一个自定义图纸尺寸，如图 15.4 所示。

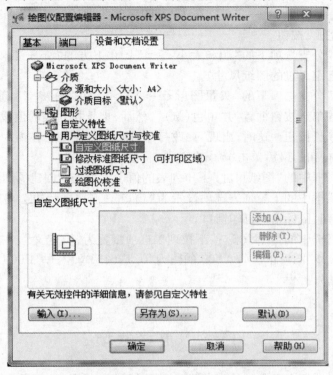

图 15.4　打印机配置自定义图纸尺寸

A. 进入"自定义图纸尺寸—开始"窗，点选"创建新图纸"单选框，单击"下一步"按钮，如图 15.5 所示。

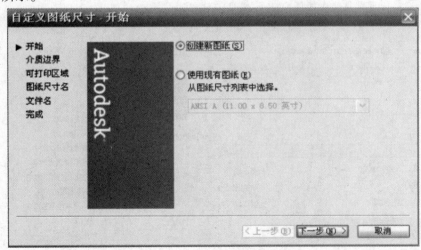

图 15.5　打印机配置自定义图纸尺寸—开始

B. 进入"自定义图纸尺寸—介质边界"窗，设置单位和相应的图纸尺寸，单击"下一步"按钮。

C. 进入"自定义图纸尺寸—可打印区域"窗,设置相应的图纸边距,单击"下一步"按钮。

D. 进入"自定义图纸尺寸—图纸尺寸名",输入一个图纸名,单击"下一步"按钮。

E. 进入"自定义图纸尺寸—完成",单击"打印测试页"按钮,打印一张测试页,检查是否合格,然后单击"完成"按钮。

④选择"介质"分支选项下的"源和大小<…>"。在下方的"介质源和大小"框中的"大小(z)"栏中选择已定义过的图纸尺寸。

⑤选择"图形"分支选项下的"矢量图形<…><…>"。在"分辨率和颜色深度"框中,把"颜色深度"框里的单选按钮框置为"单色(M)",然后,把下拉列表的值设置为"2级灰度",单击最下面的"确定"按钮。这时,出现"修改打印机配置文件"窗,在窗中选择"将修改保存到下列文件"单选按钮。最后单击"确定"完成。

把"图纸尺寸"框中的"图纸尺寸"下拉列表的值设置为先前创建的图纸尺寸。

把"打印区域"框中的下拉列表选项设置为"窗口",下拉框旁边会出现按钮"窗口",单击"窗口(O)<"按钮,鼠标指定打印窗口。

把"打印比例"框中的"比例(S):"下拉列表选项设置为"自定义",在"自定义:"文本框中输入"1"mm="0.5"图形单位(1∶500的图为"0.5"图形单位;1∶1 000的图为"1"图形单位,以此类推)。

15.2　更多选项

单击"打印"对话框右下角的按钮"⊙"展开更多选项,如图15.6所示。

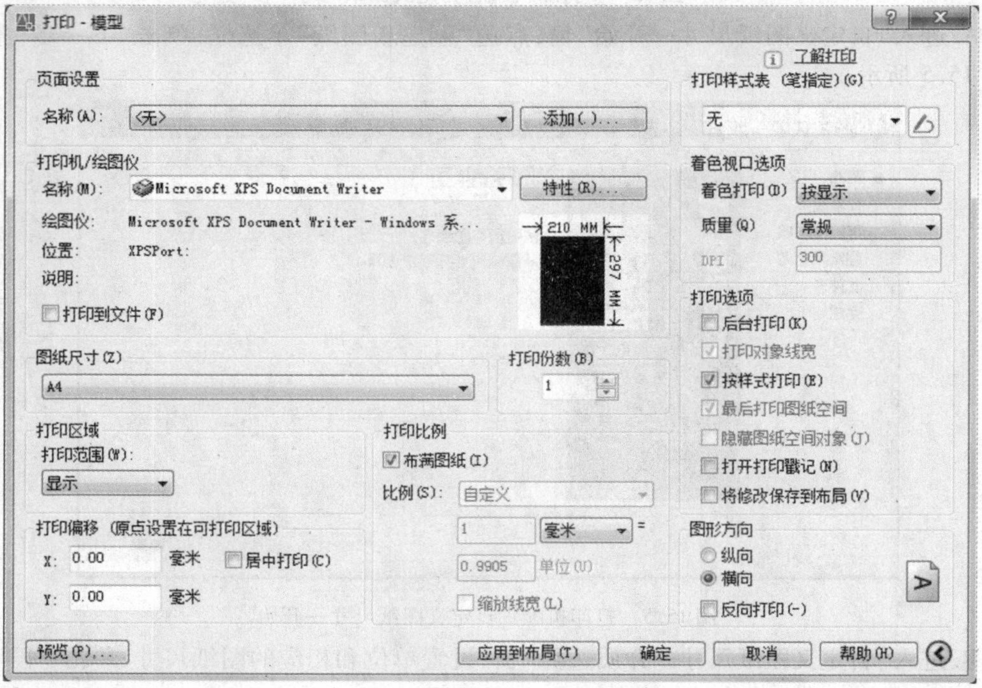

图15.6　打印对话框(含更多选项)

①在"打印样式表（笔指定）"框中把下拉列表框中的值设置为"monochrom. cth"打印列表（打印黑白图）。

②在"图形方向"框中选择相应的选项。

单击"预览（P）…"按钮对打印效果进行预览，最后单击"确定"按钮打印。

第 3 部分
地图识图

地图具有以多种方式表达现实世界的独特功能。地图可以识别在某一位置上有什么东西。在地图上指向图上任何位置,都能够知道这个地方或对象的名字以及其他相关的属性信息。

地图还可以识别用其他方式不能体现的空间分布、关系和趋势。人口统计学家通过比较过去编制的城区地图和现在的城区地图,可以支撑公共决策。流行病学家通过把罕见疾病爆发地点与周围环境因素相关联便可以找出可能的病因。地图也可以将不同来源的数据集成到同一地理参考坐标系中。市政府可以将街道分布图与建筑布局图结合起来,以调整市政建筑结构;农业科学家可以把气象卫星影像图与农场、作物分布图结合起来,以提高作物产量。地图可以通过数据的合并或叠加来分析空间问题。省级政府部门可以通过合并多层数据来找到合适的废弃物处理地点。地图可以用来确定两地之间的最佳路径。通过地图,包裹速递公司能够找到最有效的运输路径,公共交通设计者也能设计出最优的公交路线。地图可以用来模拟未来的情况。公共事业服务公司可以模拟新设施添加后会产生怎么样的效果,并且根据这个效果判断是否需要进行投入。市政规划者也可以模拟一些严重的意外事故,如有毒物质泄露等,从而得出相应的解决方案。

其中的地形图能比较精确而详细地表示地面地貌水文、地形、土壤、植被等自然地理要素,以及居民点、交通线、境界线、工程建筑等社会经济要素。地形图是根据地形测量或航摄资料绘制的,误差和投影变形都极小。地形图是经济建设、国防建设和科学研究中不可缺少的工具,也是编制各种小比例尺普遍地图、专题地图和地图集的基础资料。

在各项工程中,地形图是规划、设计和施工的重要地形资料,尤其是在规划设计阶段,不仅要以地形图为底图进行总平面的布设,而且还要根据需要,在地形图上进行一定的量算工作,以便因地制宜地进行合理的规划和设计。为了能正确地应用地形图,首先要能看懂地形图。

世界地图

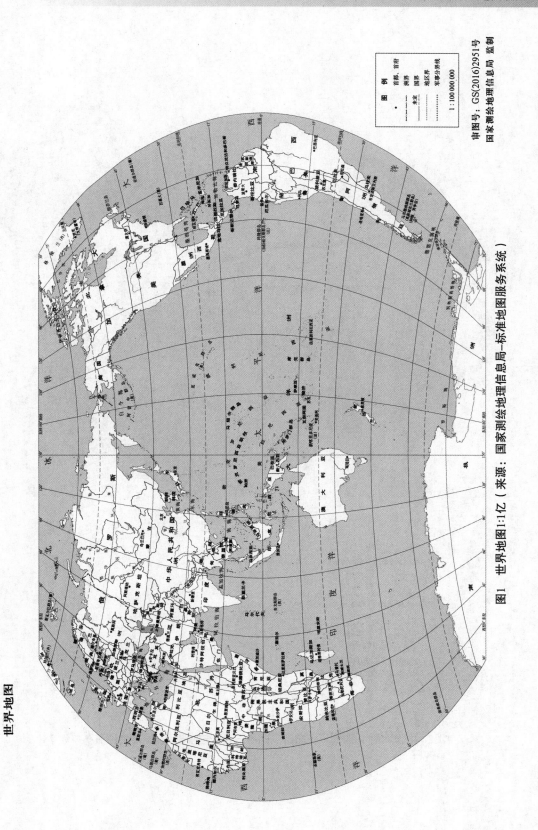

图1　世界地图1:1亿（来源：国家测绘地理信息局—标准地图服务系统）

审图号：GS(2016)2951号
国家测绘地理信息局 监制

中国地图

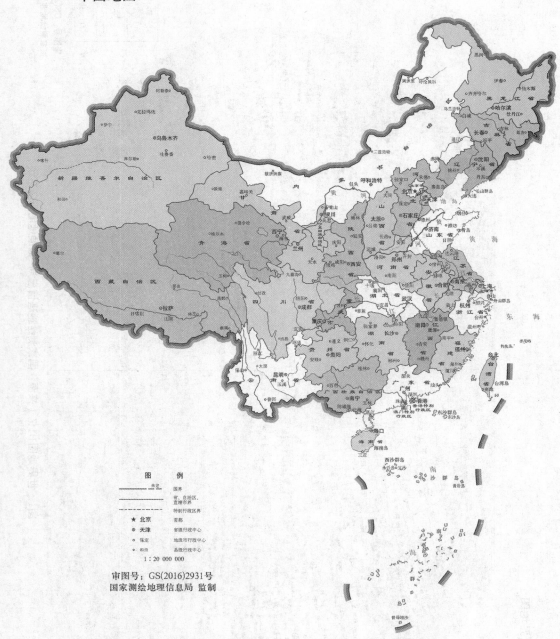

图2　中国地图 1:2 000万（来源：国家测绘地理信息局–标准地图服务系统）

中国地势图

图3　中国地图 1:1 600万（来源：国家测绘地理信息局－标准地图服务系统）

审图号：GS(2016)1609号

图4　资源三号卫星影像图－中国新疆维吾尔自治区（部分）（来源：国家测绘地理信息局－资源三号卫星遥感影像服务网）

图 5　资源三号卫星影像图－中国新疆维吾尔自治区乌鲁木齐市（来源：国家测绘地理信息局－资源三号卫星遥感影像服务网）

参考文献

[1] 国家测绘地理信息局. 中华人民共和国测绘行业标准:数字航空摄影测量测图规范第1部分:1∶500 1∶1000 1∶2000 数字高程模型数字正射影像图数字线划图(CH/T 3007.1—2011)[S]. 北京:测绘出版社,2012.

[2] 潘正风,程效军. 高等学校测绘工程专业核心课程规划教材:数字地形测量学[M]. 武汉:武汉大学出版社,2015.

[3] 张祖勋,张剑清. 高等学校测绘工程专业核心课程规划教材:数字摄影测量学[M]. 2版. 武汉:武汉大学出版社,2013.

[4] CAD/CAM/CAE 技术联盟. AutoCAD 2014 中文版从入门到精通(标准版)[M]. 北京:清华大学出版社,2014.